北京市社科基金重点项目"北京历史文化在当代艺术创作中的价值传承与创新发展研究"（项目编号：21YTA002）

# 数字形态设计研究

## ——"设计空间"探索与优化

曾绍庭　著

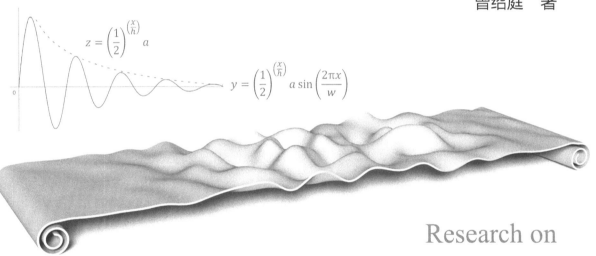

$$z = \left(\frac{1}{2}\right)^{\left(\frac{x}{h}\right)} a$$

$$y = \left(\frac{1}{2}\right)^{\left(\frac{x}{h}\right)} a \sin\left(\frac{2\pi x}{w}\right)$$

Research on
Digital Morphogenesis and
Morphology based on
"Design Space" Exploration and
Optimization

中国建筑工业出版社

# 序

科技引领着信息时代的高速发展，设计正面临前所未有的巨大挑战。这种挑战不仅是思维与眼界的拓展，知识与方法的更新；更是价值和意义的重塑。过去，"创新"是设计最引以为傲的属性，然而，在当今各行各业竞相创新的社会大潮中，这一优势似乎荡然无存。幸运的是，事物均有其两面性，尽管设计的创新优势有所丧失，却让其"协同"属性得以凸显。目前，在学术界公认的三种创新途径（技术驱动、设计驱动、用户驱动）中，设计驱动的创新更具有协同优势。在设计思维的引导下，携手技术创新和用户创新进行"协同创新设计"，将是未来设计的发展趋势。

本书作者曾绍庭博士是本人指导过的优秀学生。他具有系统的专业知识和扎实的理论基础，读博期间作为骨干成员，参与了本人主持的国家社科基金重大项目"设计形态学研究"的诸多研究工作。作为设计学重要的基础研究方向，设计形态学的基本概念、原理、研究内容和思维方法的提出，以及由此形成的多学科合作与协同创新模式，为设计学的未来发展提供了新思路，拓展了新途径。设计形态学主导的设计思维与方法，不仅延续了设计学的根脉，融合了理工科思维与方法的精髓，并与传统设计形成了完美互补，同时也为协同创新设计提供了理论基础、思维方法和创新模式。设计形态学的研究成果不仅给设计带来了灵感和源泉，让原型创新得到了突破与提升，也为"协同创新设计"构建了学术研究平台，并为各学科之间的交叉与融合奠定了基础、树立了典范。

本书是针对"设计形态学研究"项目的子课题之一"数字形态"的设计研究，其研究的重点聚焦于"设计空间"的探索与优化。曾绍庭博士参考了本人关于"设计形态学与第三自然"的论述，将数字形态划分为三类：基于"本体论"的"数字自然形态（数字形态发生）"；基于"认识论"的"数字人工形态（数字形态学）"；以及基于"方法论"的"数字智慧形态"。在此基础上，再将"设计空间"导入其中，形成了三类不同的数字形态"设计空间"研究方法。

书中通过多个典型案例研究验证了提出的理论框架与方法，并扩展了数字形态"设计空间"的研究内容，进而丰富了"设计形态学"的理论和方法。

本书的研究成果具有较高的学术价值，充分展现了曾绍庭博士突出的跨学科研究能力和深厚的学术素养。他不仅为数字形态研究提出了创新方法，而且还通过深入的实验性研究予以了验证，从而为该学术研究方向开拓了新的天地。因此，本书是一本非常值得推荐的高水平学术专著！

2022 年 7 月于北京

# 前　言

本书得以出版，受 2021 年北京市社科基金重点项目"北京历史文化在当代艺术创作中的价值传承与创新发展研究（项目编号：21YTA002）"的资助，同时本书也作为该项目的研究成果之一。该项目旨在推动北京三条文化带的传统优秀艺术资源的发掘与保护，运用当代创新设计思维与数字设计技术，力图为将北京建设为新时代的全国文化中心而努力。本书尝试运用"数字形态设计空间"理论与方法，以"通过设计做研究"的研究思路，结合参数化设计、机器学习、形状语法、遗传优化算法等前沿数字形态研究工具与技术，建立一套适用于北京三条文化带的非物质文化遗产数字转化的设计实践路径。

"设计空间"是将实际的设计问题，通过"设计变量""规则系统"以及"优化目标"共同构建起来的数字镜像空间，运用"设计空间探索"在设计空间中产生大量的设计方案，进而再通过"设计空间优化"对设计空间中的设计方案进行优化及评价，以选出最佳设计。本书的研究对象为"数字形态"，其可以按照哲学属性分为三个类别，即：①基于"本体论"属性的"数字形态发生（数字自然形态）"；②基于"认识论"属性的"数字形态学（数字人工形态）"；③基于"控制论"属性的"数字智慧形态"。

将"设计空间"的理论与方法应用于"数字形态"的三个不同的形态类别，得到三类不同的设计空间，即：①数字形态发生"生成"式设计空间。其在"探索"阶段强调以"设计变量"为核心的研究方法，在"优化"阶段适用于"功能、性能"优化问题。②数字形态学"计算"式设计空间。其在"探索"阶段强调以"规则系统"为核心的研究方法，在"优化"阶段适用于"视觉、美学"问题的优化。③数字智慧形态"生成＋计算"式设计空间。其在"探索"阶段强调"人机协同"的设计创新方法，在"优化"阶段侧重于"主观决策与评价"问题的研究。

三类"数字形态设计空间"具体的研究内容分别对应本书第4章至第6章三章内容。本研究采用"通过设计做研究"的方法，将实际的设计问题划分到三个不同类型的设计空间中进行有针对性和差异化的案例研究与方法应用，例如：①在生成式设计空间中，使用传感器获取用户行为变量；使用数据集获取自然科学数据变量；使用人体特征图像获取用户身体特征变量。②在计算式设计空间中，构建4D设计规则系统；基于形状语法和遗传算法构建接受美学规则系统。③在生成＋计算式设计空间中，采用"机器学习＋人类智慧"的模式进行人机协同设计创新。

本书在"设计空间"基本定义的基础上，明确定义并区分设计空间的"探索"与"优化"两大研究问题。将设计空间与"数字形态"及其三分类进行结合，提出三类不同的设计空间及其各自所侧重的研究内容与研究方法。通过案例实践研究，验证本书所提出的理论框架与方法，扩展"数字形态"与"设计空间"的理论与实践研究内容，丰富"设计形态学"的理论体系与方法论。

# 符号和缩略语说明

DSE      设计空间探索

DSO      设计空间优化

CAD      计算机辅助设计

CAM      计算机辅助制造

ML      机器学习

CNN      卷积神经网络

ANN      人工神经网络

GAN      生成对抗神经网络

RNN      循环神经网络

LSTM      长短期记忆网络

DMM      数字形态

MBSE      基于模型的系统工程

BIM      建筑信息模型

ABM      基于代理的建模

HCI      人机交互

MAT      中轴变换模型

# 目 录

第 **1** 章

概　述

*形而上者谓之道，形而下者谓之器。*

——《易经·系辞上》

# 1.1 研究背景

## 1.1.1 数字双生，平行世界

"数字双生（Digital Twin）"是指通过各种数字技术手段，采集、复制"物理真实世界"中的全部信息，从而在"虚拟数字世界"中重构其"数字信息镜像"的过程[1]。清华大学美术学院的吴琼教授把"数字双生"比喻为一个数字化的"平行世界"[2]，它不仅仅是对真实物理世界的简单复制，而是一个具有运行机制、规则系统的"数字世界"，可以通过对这个"数字世界"进行探索、模拟、优化、设计，从而对其在真实的物理世界中的"物理实体"产生一定的有益处的反馈与影响。

1991年，大卫·格勒恩特尔（David Gelernter）在他的《镜世界》一书中首次预言了类似"数字双生"的概念[3]。在2002年，迈克尔·格里夫斯（Michael Grieves）在密歇根大学的一次演讲中首次提出将类似"数字双生"的理念应用于工业界产品生命周期管理[4,5]。最早明确提出"数字双生"定义并应用于实际案例研究的是"美国航天局（NASA）"2010年所开发的改进航天器的物理模型仿真、优化系统[6]。随着计算机、智能硬件、智能制造等技术的兴起，"数字双生"概念得到迅猛发展并很快风靡流行，尤其是在"计算机辅助设计（Computer Aided Design，CAD）""基于模型的系统工程（Model-based Systems Engineering，MBSE）"等"数字设计""智能制造"相关领域的结合取得巨大成功[7~9]。

本书的核心研究问题"设计空间"正是来源于"数字双生"及"计算机辅助设计""数字智能制造"等技术背景对于"设计形态学""数字形态"研究范式、研究方法所带来的改变与创新。本书所研究的"设计空间"是以"数字形态"为研究对象，将物理真实世界的实际设计相关问题，转化成数字虚拟"设计空间"中的"设计变量"，在设计空间中构建"生成式设计"或"计算式设计"的"规则系统"，探索由"设计变量"取值范围变化驱动所产生的数字形态设计方案，得到大量设计方案以后，定义方案优化目标与评价体系，进而再构建设计空间的优化"规则系统"，按照量化"优化目标"选出最佳的设计方案。

## 1.1.2　形态双形，找形造形

### 1. "形态发生（Morphogenesis）"与"形态学（Morphology）"

当我们谈到"形态"，我们对其英文释义"Morphology（形态，形态学）"不会感到陌生，然而英语中仅用这一个词并不能全面地代表"形态"的所有含义，其实，描述"形态"的英文单词还有另外一个，即"Morphogenesis（形态，形态发生）"，那么"Morphology"和"Morphogenesis"这两个词，有着哪些联系和区别呢？通过词源学的探究，我们得到了如下答案：

"Morphology（形态，形态学）"和"Morphogenesis（形态，形态发生）"之间的区别在第一个层面上来源于语义和词源。"Morphology"一词中的词根"morph-"和"-logy"分别来源于希腊语的"morphê"和"logos"，词根"morph-"的含义是"形态 form"，而词根"-logy"的含义是"逻辑 logic"，在本词中的含义是"思维方法、认知结构"，其引申义是表示某种研究及学科，"-logy"词根经常出现在表示研究与学科的单词中，比如"心理学：psychology""生物学：biology"等。因此，"Morphology"一词的含义是：对已知、已经存在的"形态（morphê）"的认知与研究。另一个单词"Morphogenesis"同样具有表示"形态"的词根"morph-"；而单词中另外一个词根"genesis"来源于希腊语单词"genesis"，意思是"起源、创造、出生"。因此，"Morphogenesis"的中文释义是"形态发生"，表示形态从无到有的逐渐"形成（Formation）"过程，多指"未出现的形态"[10]。

"Morphogenesis"与"Morphology"均来源于生物学。在生物学中，两者之间的关系很明确："Morphogenesis 形态发生"是一个生物"过程"，它是对有机物"形成"具体生物形态的描述。"Morphology 形态学"是生物学认知和研究的"结果"，即研究生物的形态及其结构之间的关系。因此，"Morphogenesis"发生在"Morphology"之前，前者被创造，后者被研究。综上所述，"Morphogenesis 形态发生"是基于"本体论（Ontology）"的，而"Morphology 形态学"是基于"认识论（Epistemology）"的；"Morphogenesis"是"自下而上（Bottom-up）"的，而"Morphology"是"自上而下（Top-down）"的；"Morphogenesis"是形态的"本质规律"，而"Morphology"是形态的"创新方法"（图 1-1）。

本书的研究对象是"数字形态"，按照上述关于"形态"定义的划分，"数字形态"也应分为两类：即"自下而上"的，基于"本体论"的"数字形态发生（Digital Morphogenesis）"和"自上而下"的，基于"认识论"的"数字形态学（Digital Morphology）"。针对这两类"数字形态"，存在与之相对应的形态研究方法，即接下来要介绍的"找形"与"造形"。

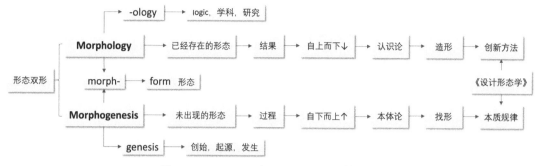

图 1-1　Morphology 与 Morphogenesis 的关系

## 2. "找形（Form-Finding）"与"造形（Form-Making）"

"找形（Form-Finding）"是与"形态发生"相对应的形态设计研究方法,基于"本体论"的研究模式和"自下而上"的研究路径,探索"形态"固有的"本质规律"与"自组织形成原理"。"找形"理论的提出者是德国著名建筑结构工程师、数字设计的理论奠基人与实践者弗雷·奥托（Frei Otto）,在他的著作《找形：走向简约的建筑》[11]中他将"找形"定义为"自我形成（Self-formation）"与"自然构造（Natural Constructions）",他认为"自然结构是一种优化设计,以最少的材料获得最大的强度。"除了理论以外,奥托还做了大量的"找形"实验,探索"自下而上""生成式"的自然结构、功能设计优化策略。

"造形（Form-Making）"是与"形态学"相对应的形态设计研究方法,基于"认识论"的研究模式和"自上而下"的研究路径,探索"形态"的"计算原则"和"创新方法"。"造型"理论的代表人物是美国"计算设计"理论家乔治·斯蒂尼（George Stiny）,他提出著名的计算设计理论"形状语法（Shape Grammar）[12]"作为"造形"设计的方法论的代表,"形状语法"是一种视觉规则系统,通过代数递归应用一系列形状变换规则,通过该方法探索形状的迭代设计,将简单的形状加工成各种各样复杂的图案,在递归工程中,每一步形状变量的提出,与形状语法的运用都离不来设计者的主观决策与审美判断,"形状语法"是基于"认识论"进行"自上而下"视觉设计探索的典范。

综上所述,"找形"的设计原则是基于功能主义、自然构造原理的侧重于功能及性能优化的设计研究方法,"找形"的本质与"形体发生""生成式设计"相同,基于形态的"本体论"适用于"形态发生（Morphogenesis）"的功能、性能优化问题。"造形"的设计原则更多的是侧重于美学、视觉问题的研究,与"找形"的自组织生成的纯粹客观不同,"造形"过程中更多会涉及设计师本人的主观审美判断、决策,"造形"是"自上而下"的,以"认识论"的方式探索"形态学（Morphology）"的视觉、美学优化问题。

## 1.1.3　自然双维，智慧形态

马克思主义哲学的自然观将未经人类改造的自然称为"第一自然"，即"本体论"维度的"物质的自然"；把经过人类改造的自然称为"第二自然"，即"认识论"维度的"人化的自然"[13]。按照马克思主义自然观的划分，前文讨论的"形态发生（Morphogenesis）"归属于"第一自然"的范畴；"形态学（Morphology）"归属于"第二自然"的范畴。清华大学美术学院的邱松教授基于"设计形态学"的理论与实践研究，将"设计形态"研究范畴划分为三种自然，即："第一自然：自然形态""第二自然：人工形态"以及"第三自然：智慧（未来）形态"[14]。并且在邱松教授的"第三自然"释义中，他认为"第三自然"是"未被发现的第一自然"和"未被创造的第二自然"，从时间维度上看，"第三自然"基于未来提出。从"本体论"与"认识论"来看，作者以为："第三自然"是"第一自然"与"第二自然"的统一，即"第三自然：智慧形态"既包括基于"本体论"的"自下而上"原则的"第一自然：形态发生"，也同时包括基于"认识论"的"自上而下"原则的"第二自然：形态学"。综上所述，"第三自然"是"第一自然"与"第二自然"之"和"，即"1+2=3"（图 1-2）。

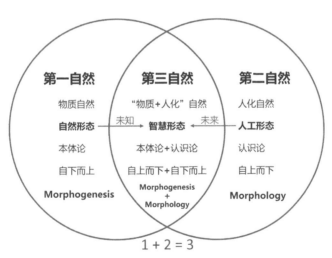

**图 1-2　三个维度的"自然"与形态的三个分类**

作为本研究的研究对象"数字形态"也应该具有三个层面的类别划分，如图 1-3 所示，"数字形态"具有类似三个自然的分类关系，其中"数字智慧形态"中的定义元素是另外两类形态，即"数字形态发生（Digital Morphogenesis）"和"数字形态学（Digital Morphology）"中定义元素的叠加。首先，是"数字形态"中"本体论"属性的、基于"第一自然"哲学范式的"数字形态发生"，本书接下来会更多涉及其关于"性能""功能"等相关属性的优化设计研究，因为其"本体论"属性更适合于此类与本质、自我逻辑等"物质"

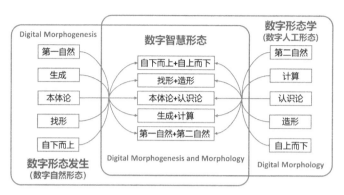

图1-3　数字形态的三个分类

属性相关的优化设计探索,围绕其"本体论"逻辑设定优化设计规则系统、量化目标等。其次,是"数字形态"中"认识论"属性的、基于"第二自然"哲学范式的"数字形态学",本书接下来会更多探究其与人的认知、审美等主观属性相关的优化设计研究,例如"美学优化"这种难以寻找"自组织"逻辑和"自我形成"机制的,必须需要人的"主观认知"参与的数字形态设计问题。第三,"数字形态"体系中,既含有"本体论"属性,又同时具有"认识论"属性的形态设计研究类别的形态是"数字智慧形态",该形态类别的设计研究问题或许会成为未来新时代背景与技术语境的主流,这也是为什么"智慧形态"又被称作"未来形态"。基于未来的设计研究,或许越来越难以找到单纯的、非此即彼的、绝对的"第一自然"或绝对的"第二自然"类别的形态。现代主义、功能主义的纯粹的理性主义的、非黑即白的、一元论的工业产品设计在工业时代能够成为典范和主流,但是在后工业时代却被批评为缺少审美和人情味的设计[15]。"数字智慧形态"是"形态发生"与"形态学"的统一,既包含"自下而上"的"找形"逻辑,又包含"自上而下"的"造形"思维,既需要"本体论"的"生成",同时也需要"认识论"的"计算",尤其是在数字技术高度发达的未来,这种二元统一、融合的模式将会越来越明显。

# 1.2　概念界定

## 1.2.1　设计空间

"设计空间(Design Space)"是本书的核心研究问题,如前文所述,其概念来源于"数字双生",即为了解决真实物理世界的具体问题,构建"数字镜像空间"或"数字平行世界"来探索问题的解决方案,并使用量化优化原则,评选出最佳的方案构想。"设计空间"探讨的

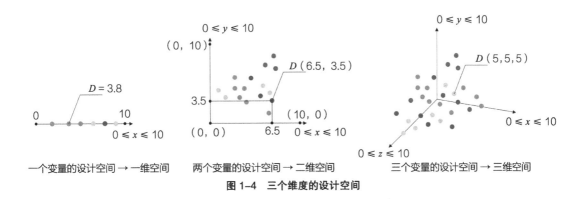

图 1-4　三个维度的设计空间

是实际生活中的设计问题，将实际的设计问题翻译为"数字镜像空间"中的数学语言，即"设计变量"以及将"设计变量"通过某种数学关系连接到一起的"规则系统"。"设计变量"具有具体的取值范围，如图 1-4 中所示的"设计变量"取值范围为 $0 \leqslant x \leqslant 10$，因此"设计空间"的"边长"为 10。"设计空间"是具有"维度"的空间，"维度"即"设计变量"的个数，具有一个"设计变量"的设计空间是"一维设计空间"，又称"标量（Scalar）"；具有两个"设计变量"的设计空间是"二维设计空间"；以此类推：具有 $n$ 个"设计变量"的"设计空间"是" $n$ 维设计空间"。只不过超过三维的设计空间我们无法进行可视化，只有三维及以下维数的设计空间才可以进行可视化，设计空间中的每一个点都是不同设计变量取值所对应的一个方案。

　　"设计空间"有三个基本要素：①设计变量；②规则系统；③优化目标。我们来看一个具体的"设计空间"案例，以便更直观和形象地理解其含义：该案例来源于凯特琳·穆勒（Caitlin Mueller）教授在麻省理工学院（MIT）所授课程"创造性机器学习设计（4.453 Creative Machine Learning for Design）"中的教学案例。如图 1-5 所示，其设计目标是在"限制条件"长 24m、宽 12m 的矩形边线上，以两条 12m 的短边为基础，构建双曲面拱形结构，其中的设计"规则系统"是拱形曲面的"中心点控制点"和两长边的"中点控制点"可以上下移动调节整体造型。两个长边的变形是镜像对称的，因此在该"设计空间"中，"设计变量 1"为拱形曲面"中心点控制点"的上下位移距离，其取值范围是 $-20 \leqslant x_1 \leqslant 20$；"设计变量 2"为拱形曲面长边"中点控制点"的上下位移距离，其取值范围是 $-20 \leqslant x_2 \leqslant 20$。至此，我们已经基本建立了一个具有"规则系统"与两个"设计变量"的设计空间，因为是两个"设计变量"，所以这是一个"二维"的设计空间，通过改变两个"设计变量"的取值，能够通过"设计空间"得到大量的设计方案。如图 1-5 中右侧所示就是这个"二维设计空间"的可视化图像，图中包括了两个设计变量不同取值组合所对应的所有设计方案，每一个"方格"对应一组"设计变量"取值所形成的一个设计方案。到这一步，"设计空间"的构建与"设计方案"的探索已经完成，接下来就是构建

"评价规则" 与 "优化目标" 从而进行最优方案的选择。该项目中的 "评价规则系统" 是使用 "有限元分析" 对拱形形态方案的 "应变能 ( Strain Energy )" 进行比较，即一个应变能数值 "标量" 的排序，应变能的数值越小，方案结构性能越优，"优化目标" 就是应变能数值最小的那一个方案。同时，为了便于了解 "设计空间" 中整体 "应变能" 的分布情况，作者还在图 1-5 右侧中进行了 "应变能" 的色彩可视化，颜色越深的方案，其 "应变能" 越小，评审得分越高。

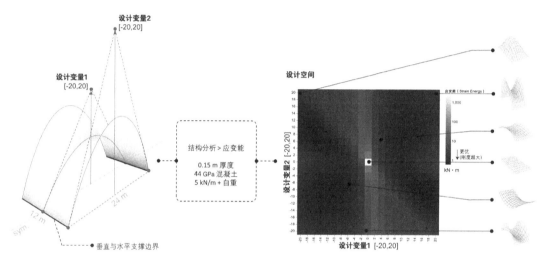

图 1-5　设计空间探索与优化实例 [16]

在设计空间的三个基本要素中，通过前两个要素 "设计变量" 与 "规则系统" 构建设计空间，通过 "设计变量" 在取值范围内的变化在设计空间中探索设计方案，这个探索设计方案的过程叫作 "设计空间探索 ( Design Space Exploration，DSE )"。值得注意的是 DSE 的过程并非都像上述案例中只需改变设计变量的值这么简单，大多数设计空间具有复杂的规则系统和变量构成，因此 DSE 的过程是可以作为设计研究 "重点" 并可以产生 "创新点" 的部分。例如在本书的实践案例研究中：第 4 章的 "生成式设计空间—人机工程学座椅设计" 案例中的 DSE 过程是使用 Kinect 及 "压力传感器" 从真实的 "物理实验空间" 中采集用户身体坐姿行为变量，通过采集的物理变量在 "数字设计空间" 中生成不同的座椅造型方案，探索方案的过程是 "过程导向" 的。又如第 5 章的 "计算式设计空间—接受美学展示设计" 案例中，先将设计空间划分为设计子空间，进而在不同的子空间中运用不同的 "规则系统" 探索设计子空间的方案，并且探索方案的过程是 "结果导向" 的。在第 6 章的 "交互式设计空间探索中"，DSE 的过程分为 "生成（机器学习 GAN）" 和 "计算（形状语法，计算式设计）" 两个阶段，等等。在完成了 DSE 即设计方案探索过程后,接下来就是设计空间的第三个基本要素"优化目标"发挥作用了,这一过程叫作"设计空间优化(Design Space Optimization,DSO)",指的是从大量设计方案中基于某种"优化规则系统"即"设计评价体系",制定"优化目标"评选出最优的设计方案。DSO 的过程与 DSE 一样,是本研究的重点,同样也是本研究创新点的来源之一。例如,上文提到的第 4 章中的"人机工程学座椅"案例,其 DSO 过程是基于与形态设计方案一一对应的压力值数据进行量化评价;第 5 章案例中的"计算式设计空间"其核心策略就是通过 DSO 运用"遗传算法"来拟合多个优化目标;第 6 章案例中 DSO 和其DSE 类似,也被分为了两个阶段,区别是前后步骤正好相反,在 DSO 中交互式评价在前以获取用户的真实数据,机器学习(监督式学习)评价在后以学习用户评价的方式让计算机学会用户的审美等。

总结一下,"设计空间"包括"设计变量""规则系统""优化目标"三个要素,其中"规则系统"又分为:"探索规则系统"与"优化规则系统",按照规则系统的划分,"设计空间"的方法论又可分为两类:一个是用于探索设计方案的"设计空间探索(DSE)",另一个是用于选出最优设计方案的"设计空间优化(DSO)"(图 1-6)。

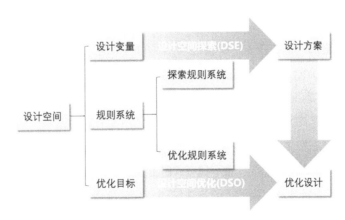

图 1-6 设计空间组成要素与研究问题

## 1.2.2 数字形态

上一小节介绍了"设计空间"的概念及其组成要素、工作流程,然而"设计空间"的应用范畴是非常广泛的:比如前文提到它可以解决"工程类"问题、产品生命周期"管理类"问题等,因此本节的目的就是明确界定本书中的"设计空间"具体"研究范畴",即本书的"研究对象":"数字形态"的概念、分类及定义。

## 1. 形态概念界定

在 1.1.2 小节中，作者曾经论述了"形态"的两种分类，即"形态发生（Morphogenesis）"与"形态学（Morphology）"，以及两者之间的区别与联系。在 1.1.3 小节中，作者还找到了上述两类"形态（Morphology & Morphogenesis）"与哲学中的两种维度的"自然"的关系：即"形态发生"与"第一自然（物质自然）"同属一类，因为它们都基于事物本身的"本体论"认识自然、改造自然；"形态学"与"第二自然（人化自然）"同属一源，它们均基于"认识论"认识与改造自然。通过对前两类形态的理解，进而，作者又论述了第三类形态："智慧形态"，即一种集"本体论"属性与"认识论"属性于一身的形态类别，既包含"自下而上"的"生成"，又包含"自上而下"的"计算"，基于"未来"范式的"第三自然"。

"形态"一词，以使用频率更高的"Morphology"为例，它既可以表示作为某种"物质"的形态[17]，也可以表示为对"形态"研究的"方法论"，当它表示方法论时，英语"Morphology"没有改变，但中文译为"形态学"，例如："设计形态（Design Morphology）"与"设计形态学（Design Morphology）"之间的关系。因此，在 1.1.2 小节中的第一小节论述的是"形态"作为"物质形态"的含义与分类，1.1.2 小节中的第二小节论述的是"形态"作为"方法论"的含义与分类，对应基于"本体论"的"找形"，与基于"认识论"的"造形"。

还有一点需要澄清的是，在本书中会经常出现的两个词"形态发生（Morphogenesis）"和"形态学（Morphology）"，其中文的释义从字面意思上看，容易让人产生歧义，误以为是"方法论"的名称，实际上这两个词也是具有"物质"与"方法论"双重含义的，其表示"物质形态"含义时，为了在没有英语注释时区分其定义，本书沿用这两个词具有差异的两种中文释义：即使用"形态发生"表示具有"自下而上""生成"属性，基于"本体论"的"形态（Morphogenesis）"；以"形态学"表示具有"自上而下""存在"属性，基于"认识论"的"形态（Morphology）"。当涉及两类形态的方法论时，会分别用"'形态发生'方法论"与"'形态学'方法论"及具体名称：如"生成式设计空间探索方法论""计算式设计空间优化方法论"等名称表示。

## 2. 数字形态概念界定

在界定与澄清了上述关于"形态"的概念与表述方法后，"数字形态"的概念与分类便容易阐述了。"数字形态"可以从字面意义上被理解为——其是在"形态"的所有概念、定义基础上，添加了一个"数字"的定语与范畴。

首先，需要界定的一个重要问题是"数字形态"的分类。按照"形态"的三个类别，数字形态分为三类：①"数字形态发生（Digital Morphogenesis）"，其是在"数字设计"范畴内，基于"本体论"的以"自下而上"的"找形"逻辑，应用"生成式设计"方法论，生成得到的数字形态。②"数字形态学（Digital Morphology）"，其是在"数字设计"范畴内，基于"认识论"的以"自上而下"的"造形"逻辑，应用"计算式设计"方法论，计算得到的数字形态。③"数字智慧形态"，其是在"数字设计"范畴内，既基于"本体论"的以"自下而上"的"找形"逻辑，又同时基于"认识论"的以"自上而下"的"造形"逻辑，应用"机器生成"与"人的计算"相结合的"交互式设计"人机协作设计方法论所创造的数字形态。本书也是按照数字形态的这三个分类，对全书的结构进行了划分，在本书的第 4 章、第 5 章、第 6 章分别对应上述三类形态的"设计空间探索与优化"实践应用案例研究。

　　其次，按照上述三个分类的"数字形态"，其体现在"设计学"以及"设计形态学"上的具体区别和研究侧重点是什么？换言之，对于本书研究对象"数字形态"的这三个分类，对于一本"设计学"专著有什么意义？①对于"数字形态发生（Digital Morphogenesis）"，此类形态基于"物质自然"的"本体论"，依靠"自下而上"的"生成式设计"机制，由形态本身的"自我逻辑"形成具有特定"功能"的形态。因此，对于此类形态，本书会针对其"自发性""功能主义"特点，采用"生成式设计"的研究方法，以客观的、非人为干预的方式进行形态设计研究。例如第 4 章中的"形式服从行为"人机工程学座椅设计案例，作者作为设计师并没有对座椅形态的生成过程进行人为干预，形态的生成全部来源于实验参与者在实验空间中的活动，座椅形态是基于实验参与者的坐姿与行为自组织生成的。②对于"数字形态学（Digital Morphology）"，此类形态基于"人化自然"的"认识论"，依靠"自上而下"的"计算式设计"机制，强调人对于客观事物规律的认知，以及设计主体"设计师"对于"审美"等主观设计问题的主观决策，此类形态中不存在"自组织""自发性"的"自我形成"机制，由人为其设定目标和策略。例如本书第 5 章中的"接受美学展示空间"案例，作者先通过大量文献阅读，学习并总结了基于接受美学的自然科学本质规律，进而基于这些规律和科学方法构建设计空间的"优化目标"。③对于"数字智慧形态"，其既包含"自下而上"的生成、找形，又包含"自上而下"的计算、造形，在本研究中，我们采用了"本体论"与"认识论"相结合的方式，即"'生成 + 计算'式设计"方法。如第 6 章的"计算机辅助汽车手绘创意"案例，先由一个机器学习"黑箱"生成汽车手绘图的半成品，再由作者本人作为设计师，从半成品中挑选可以继续深化的方案，进而通过手绘进行设计迭代与细化，最终再通过设计师的主观决策，挑选最终方案。在这个过程中机器与人具有不同的分工，机器擅长处理大批量的数据，善于"自下而上"的工作，以及进行基于数据集的数学"计算（Computation）"，而人的创造性设计思维与审美直觉、灵感是机器所不具备的，所以我们在"数字智慧形态"的研究中，侧重于人与机器的协同合作，同时发挥两者的优势，使得"1+1 > 2"。

# 1.3 研究内容与创新点

## 1.3.1 研究问题

本书的研究问题是探讨如何应用"设计空间"进行"数字形态"的"方案探索"与"设计优化"。正如前文所述,"设计空间"的两个基本研究问题是"探索"与"优化",而本书的"研究对象"数字形态可分为三个类别,因此本书的主要任务就是研究针对这三个类别的数字形态,设计空间如何恰当地发挥作用以进行"探索"与"优化"。在上一节的结尾,本书已经对三类数字形态的特点与研究侧重点作了较为详细的说明,那么基于具体的"设计空间"的方法,如何有的放矢地对于这三类形态进行设计研究呢?

本书认为,针对第一类"数字形态发生",在设计空间中的研究侧重点应是如何从真实世界获取"设计变量",因为只有"设计变量"才能反映出"自然形态"的"本体论",基于"设计变量"的设计探索才能以"自下而上"的逻辑进行"生成与找形",基于此,本书为研究"数字形态发生"的设计空间命名为"生成式设计空间(Generative Design Space)",其侧重点为"设计变量"。

对于第二类"数字形态学",在设计空间中的研究重心应该是如何制定科学、合理的"规则系统",因为"规则系统"都是人制定的,是人对于"人工形态"的"认识论"的体现,而且往往有一类人工形态是很难产生"生成与发生"机制的,比如艺术、美学、主观决策问题等,作者为研究此类问题的设计空间命名为"计算式设计空间(Calculative Design Space)",其侧重点为"规则系统"。"计算(Calculating)"一词来源于形状语法的发明者乔治·斯蒂尼教授与他的博士奥诺·尤斯·甘(Onur Yüce Gün)的一次谈话[18],他们谈到"计算设计(Computational Design)"这个话题。斯蒂尼教授认为"计算(Computation)"代表不了"设计",因为"Computation"这个词只能代表基于计算机的二进制计算,而"设计"光有计算机的计算是远远不够的,例如《建筑十书》提出建筑设计具有三个标准:"坚固(Firmitas)、美观(Venustas)、适用(Utilitas)","计算机计算(Computation)"只能解决"坚固"的问题。因此,设计离不开设计师的设计思维与主观的审美直觉与决策判断,他提出"设计等于'人的计算'(Design = Calculating)"。作者非常认同斯蒂尼教授关于设计与计算的解读,因此将数字形态学即人工形态的设计空间以"计算"命名。

对于第三类"数字智慧形态",它是前两类形态的要素之和,即前文提到过的"1+2=3",其设计空间中的要素也是前两类设计空间要素之和,作者为它命名为"生成 + 计算"式设计空间,其中既包含"自下而上"的生成，又包含"自上而下"的计算，不过与前两类设计空间分别侧重的"设计变量"与"规则系统"的研究问题不同的是，本书中作者对于"生成＋计算"式设计空间的研究重心在于机器学习与设计师主观决策的协同创新方法。机器学习的训练与学习机制正是以大量的数据集以"自下而上"的方式进行规律探索和挖掘，而人的主观决策在这里起到的作用是一种高效的"自上而下"的决策，人机分工合理科学，高效完成设计项目。

## 1.3.2　研究意义

　　基于"设计空间"探索与优化的数字形态设计研究，不仅拓展了设计空间及数字形态等书中具体研究内容的定义与方法论意义，还为设计形态学、设计思维提供了新的方法与参考。其实与"设计空间"类似的方法在设计产业界与学术界已被广泛地应用，然而，"设计空间"的定义目前存在一定的模糊性，使用者或许不明确他们所用的这个方法就是"设计空间"，进而不能使其完全发挥优势。例如前不久日本著名设计师原研哉为小米公司设计了全新的品牌视觉形象[19]，在国内引起了轩然大波，尤其是其中的标志设计引发了很大的争议。很多人认为新的标志设计和原来的旧标志一样，没有体现出设计工作量。如图 1-7 所示，这个项目中也使用了类似"设计空间"的方法，如图中所示的数学公式是设计空间的规则系统，$n$ 为设计变量，不同的 $n$ 的取值对应一个标志方案，最终的方案评选则来自于原研哉的大师级主观审美判断。该设计空间对应本研究第二类数字形态即"人工形态"，人为制定规则系统，定义设计变量并且按照规则系统的逻辑探索设计方案，最终由设计大师进行主观审美决策评价。作者以为，这个看似完美的设计空间，实则存在很多问题，首先该设计空间的规则系统只服务于标志的轮廓，对于"信息量"更大的文字形象毫无作用。因此，在这个设计空间中无论怎么探索，标志的形象，从"信息量"的角度来看，几乎不会有太大的变化。其次，最终方案的评选，虽然来自大师级的审美直觉，然而这一评选机制仍然显得有些主观和目标不明确，优化目标的制定应该具有明确的指向，比如该案例中可将优化目标与品牌战略联系起来，制定客观的有一定理性依据的优化目标与评价规则系统。

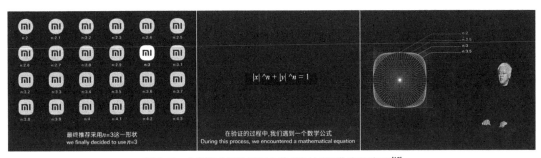

**图 1-7　小米标志设计项目中的"设计空间"方法应用**[19]

本书的意义正是对于"数字形态设计空间"提出明确的定义、分类与目标。在清晰的研究对象（数字形态）分类的前提下，确定不同类型设计空间探索与优化的不同方法，提出科学、高效的设计空间探索与优化方法，为使用该方法的学者与专业设计师提供参考。

## 1.3.3  研究方法

本书采用"研究为主导，设计为驱动"的通过设计做研究（Research through Design，RTD）[20] 的研究方法进行理论探索与设计实践研究。本书的第 4 章到第 6 章三个章节按照数字形态的三个分类划分，这三章内容是本书的案例研究部分，其中不同的案例运用了不同的具体的研究方法，包括"实验法""统计学量化分析法""定量及定性研究方法"等。

此外，本书还涉及多个学科的交叉，"跨学科研究方法"对于本研究非常重要，本研究所涉及的学科包括工业设计、计算机科学、心理学、人机工程学、建筑学、艺术学、美学等，尤其是在具体的案例实践中，"跨学科研究方法"的作用更为突出，例如第 5 章的"接受美学展览设计"项目，通过跨学科的文献综述以"剥洋葱"的方式，层层深入，探究"接受美学"背后的自然科学本质，从而为该项目的设计空间制定规则系统与量化优化目标。

同时，"文献研究法"对于本研究也至关重要，通过阅读文献，梳理数字形态设计空间的理论沿革与方法论，在前人研究成果的基础上进行更深入的研究。此外，在各个实践案例中也会通过文献研究了解和熟悉该实践案例项目具体的研究背景。

## 1.3.4  本研究主要创新点

### 1. 数字形态的分类

本书通过文献梳理以及数字形态的设计实践研究，基于马克思主义哲学的自然观与邱松教授的设计形态学与第三自然的概念，提出了数字形态的具有创新性的三种分类，即基于"本体论"的具有"第一自然"属性的"数字形态发生（Digital Morphogenesis）"；基于"认识论"的具有"第二自然"属性的"数字形态学（Digital Morphology）"；同时具备前两类属性，第一与第二自然之"和"的"第三自然"即"数字智慧形态"。数字形态作为本书的研究对象，其明确的分类为本书设计空间探索与优化方法构建提供了坚实的基础与创新的来源。

**2. 设计空间概念与方法在数字形态设计研究中的应用**

本书明确地提出了设计空间的三要素，即：设计变量、规则系统、优化目标。同时本书明确地界定了设计空间的两大功能，抑或是研究问题，即用于产生大量设计方案的"设计空间探索"与用于最优方案优化的"设计空间优化"。结合数字形态的三种分类，提出了基于数字形态发生的"生成"式设计空间；基于数字形态学的"计算"式设计空间；基于数字智慧形态的"生成 + 计算"式设计空间，并基于这三类设计空间进行理论、方法与设计实践的创新。

**3. 各实践案例中具体的研究创新点**

本书有很多创新点体现在第 4 章到第 6 章中具体的实践案例研究中，例如第 4 章的"人机工程学座椅"案例提出了"形式服从行为"的设计理念，利用可穿戴传感器获取使用者的坐姿进而生成相应的座椅形态。又如，第 5 章的"接受美学展示设计"案例探索"接受美学"背后的隐藏模式与自然科学原理及本质，构建隐藏模式，即视觉结构的数字形态模型，制定量化优化目标，进行多目标优化。再如，第 6 章的"机器学习 + 手绘"汽车形态探索，用机器学习以自下而上的方式生成"模糊意象版"，再由作者本人对"模糊意象版"中的"未画空白"进行填补与迭代设计，高效和高质量地完成汽车形态的手绘设计等。本书中，每一个案例都拥有其具体的创新点。

# 1.4　研究路径与全书写作结构

如图 1-8 所示，为本书的研究路径。本研究以设计空间为主线，数字形态为研究对象，按照数字形态的三种分类，即数字形态发生、数字形态学、数字智慧形态，分别对各类不同的数字形态进行有针对性的、具体的理论与实践研究。按照设计空间的两大基本功能——探索与优化，在各类形态的案例研究中针对这两个问题分别有所侧重，每一类形态均有一个综合性案例既包含探索过程又包含优化过程。同时，设计空间的三个基本要素，即"设计变量""规则系统"与"优化目标"在不同类型的数字形态载体设计研究中重要程度不同，在基于"本体论"的"数字形态发生"的"生成（Generative）"式设计空间中，"设计变量"起到关键性作用，因为"设计变量"来源于形态"本体论"的自组织系统，对于此类形态的设计空间研究重点

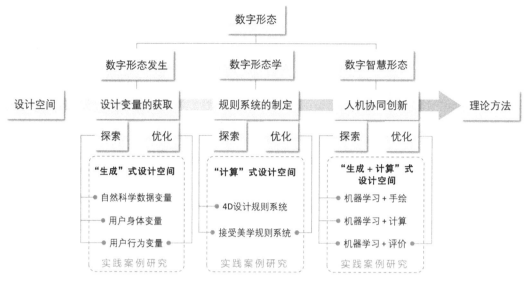

图1-8 本书研究路径

放在"设计变量"的获取，在此类形态所适用的"生成式设计空间"研究中，作者通过三个不同设计变量类型的案例来探讨其具体研究与应用方法。在基于"认识论"的"数字形态学"的"计算（Calculative）"式设计空间中，"规则系统"起到重要作用，由于"规则系统"的制定来源于设计师的"自上而下"的认知，因此在"数字形态学"所适用的"计算式设计空间"中，研究重点为如何制定科学、合理的规则系统，作者通过两个不同类型规则系统的案例来进行研究。对于"数字智慧形态"，它是前两类形态定义元素之"和"，其设计空间为"生成＋计算（Generative and Calculative）"式设计空间，在三个具体的案例研究项目中，机器发挥其擅长的"自下而上"的生成性，设计师发挥人所擅长的"自上而下"的计算性，人与机器各自发挥自己的专长，协同创新。

如图1-9所示，为本书的框架结构。本书第1章概述作为全书内容的导读进行数字形态、设计空间等相关概念的界定和研究问题的提出，以及研究内容的介绍；第2章文献综述对数字形态、设计空间相关理论及发展沿革进行梳理与回顾，对相关领域发展现状进行梳理；第3章为本书的重点，对数字形态设计空间的方法进行提炼；第4章为第一类形态即"数字形态发生"的实践案例研究；第5章为第二类形态即"数字形态学"的实践案例研究；第6章为第三类形态即"数字智慧形态"的实践案例研究；最后，第7章对全书进行回顾，提出结论，并对结论进行讨论，以及对未来的工作进行展望。

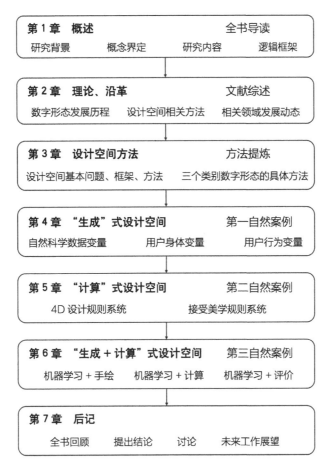

图 1-9 本书写作结构

第 **2** 章

数字形态设计空间相关
理论及发展沿革

悬挂的自由曲线，翻转过来便是精确的拱形（As hangs a flexible cable so, inverted, stand the touching pieces of an arch.）。

—— 罗伯特·胡克（Robert Hooke）

# 2.1 本章概述

本章主要内容为数字形态设计空间相关理论、发展沿革的文献综述及知识梳理。首先在 2.2 节对数字形态的相关理论及发展历程进行回顾与梳理，在 2.2.1 小节，先从宏观层面梳理数字形态及其研究工具的发展历程，进而在 2.2.2 至 2.2.4 三个小节中，按数字形态的三种分类，分别介绍各类数字形态其自身的特点与研究问题。梳理完数字形态的相关知识后，在 2.3 节重点回顾"设计空间"的相关理论、方法、工具及研究现状。在本章 2.4 节，对与"数字形态设计空间"相关的其他数字技术的研究现状进行文献梳理与信息汇总。

# 2.2 数字形态的相关理论与发展历程

本节首先在 2.2.1 小节从全局宏观层面对数字形态的发展历程进行梳理，进而按照"数字形态"的三个分类"数字形态发生""数字形态学""数字智慧形态"在 2.2.2 至 2.2.4 三小节中，分别回顾、梳理各自相关的理论方法及发展沿革。

## 2.2.1 数字形态发展历程

### 1. 数字形态理论与实践先驱

在 19 世纪以前，数学家、物理学家通过数学方程对自然形态进行描绘，这种用数学方程描绘形态或造型的方式是数字形态的起源。例如，1837 年，詹姆斯·德怀特·丹纳（James Dwight Dana）出版著作《系统矿物学》（A System of Mineralogy）[21]，在书中丹纳使用的晶体方程以及方程中的参数变量，与数字形态设计空间中的"规则系统"与"设计变量"颇为相似，并且对之后的数字形态发展也有着深远的影响。

19 世纪末，西班牙著名建筑师安东尼·高迪（Antoni Gaudi）在设计古埃尔公园（Park

Güell）礼拜堂的时候，首次使用悬链线与"找形"的方式，建造结构优化的拱形屋顶[22]。悬链线法[23]的发明者是英国著名物理学家罗伯特·胡克（Robert Hooke），他于 1675 年用一段字谜的方式发布了这个发现："悬挂的自由曲线，翻转过来便是精确的拱形[24]"。高迪可以通过改变悬线某一特点变量，如悬挂点的间距、悬线的长度等，使悬链线整体造型随之变化，这正是今天数字形态参数化设计"逆向可调节"的特点。

20 世纪，德国著名建筑师弗雷·奥托（Frei Otto）从高迪手中接过接力棒，他的一生都在致力于建筑设计中形态与结构合理性与轻量化的研究，他的理念是向自然学习，研究大自然形态的规律与法则，并通过大量的"找形"实验加以证明，形成可以用到建筑设计与施工的结论性的设计方法。在他做过的"找形"实验中，有很多结论在今天为数字化形态设计提供了有力的理论依据。他的"逆吊实验"是在高迪的"悬链线实验"基础上进行了拓展，为如今的数字形态力学找形算法提供依据；他做过的"皂膜实验"对当今数字形态研究中的"极小曲面"研究提供了很大的参考价值；他作的"羊毛实验"是今天数字形态设计中"空间生成"的理论根源。今天有很多数字形态软件公司针对他的实验原理编写算法，开发软件。

20 世纪末，大批数字形态理论与设计实践大师涌现出来，其中，建筑师扎哈·哈迪德（Zaha Hadid）是最具代表性的人物之一。哈迪德对于数字形态做出的贡献是不言而喻的，也正是因为哈迪德所作出的努力，数字形态参数化设计才被推上时代的风口浪尖，她的名字似乎已经成为"参数化主义""非线性建筑"设计的标志。哈迪德痴迷于曲线形态以及参数化非线性建筑、空间形态的探索。由于她出生在伊拉克，从小她便对波斯地毯以及伊斯兰艺术风格中的华丽着迷。到后来在英国 AA 建筑联盟求学时，她更是痴迷于欧洲的前卫艺术，她尤其喜爱苏联艺术家马列维奇和康定斯基，面对这些前卫艺术，她认为建筑的形式也应该是前卫的、具有漂浮感的。

正是因为哈迪德对于曲线形态与前卫艺术有着异于常人的感悟，她的作品才如此具有形式感和爆发力。由于她的很多作品形式过于概念，不能被施工建造，至今仍躺在设计图纸中，哈迪德也因此饱受非议，被人称作"纸上谈兵的建筑师"。

哈迪德的建筑作品和设计理念对于当今建筑界、设计界的影响是极为深远的。在世界很多国家都能见到她设计的建筑，同时在建筑设计以外，她的设计作品几乎涵盖了所有设计门类，从家具到雕塑，从餐具到时装，很少有她未涉猎过的门类，她的绘画和艺术作品更是前卫，因此她被称为"建筑界的女魔头"[25]。

帕特里克·舒马赫（Patrik Schumacher）是扎哈·哈迪德建筑事务所（Zaha Hadid Architects，ZHA）的合伙人，他具有建筑学士与哲学博士双重背景。他通过梳理 ZHA 事务所多年来的参数化理论与设计实践成果，在 2009 年提出了"参数化主义（Parametricism）[26, 27]"。同时他将"参数化主义"与"哥特式风格（Gothic）""文艺复兴（Renaissance）""巴洛克风格（Baroque）""新古典主义（Neo-classicism）""现代主义（Modernism）"等"时代风格（Epochal Style）"并列。他认为参数化主义将为建筑学、设计学带来一种全新的范式，是一个可以改变世界建筑风格与人居理念的设计新价值观。作者曾一度以为，参数化主义缺乏历史文脉，似乎是通过计算机算法形成的一种突变的设计风格。在一次舒马赫的讲座中作者向他本人提出了这个问题，他的回答是参数化主义是在延续历史风格文脉的基础上诞生的，例如参数化设计中所研究的拱形结构找形，其方法最早可以追溯到中世纪教堂中拱形屋顶的建造过程，而后在建筑史的发展中（新艺术运动时期）又出现了如"逆吊实验"等"找形"方法，这些都算作是参数化主义的历史文脉。

参数化主义认为规则几何形体的产品仅仅是我们在特定历史环境下对于工业生产技术局限性的退而求其次的适应。舒马赫认为现代主义已经陷入危机，并且在现代主义的语境下，工业产品受禁锢于某种路径依赖原则，于是便有了"产品像产品"的恶性循环，现代主义在初期还是以功能主义作为根本出发点，然而在 20 世纪中后期，则逐渐沦为某种肤浅的形式主义风格。尽管在这之后出现了后现代主义，提出了对于现代主义的反对，然而后现代主义并没有带来根本性的、具有划时代意义的改变。其一，后现代主义设计运动，依然是一种肤浅的并且带有戏谑、玩世不恭特点的形式主义的风格运动，这注定它是短命的，因此它被认为是一种"过渡风格（Transitional Style）"。其二，后现代主义并没有脱离现代主义的语境与范式，它虽然声称自己是反对现代主义运动，实际上则是现代主义的延续与发展。著名的后现代主义理论家查尔斯·詹克斯（Charles Jencks）曾说：后现代主义实际上是现代主义加了一些别的东西[28]。

所以，舒马赫认为，参数化主义将是替代现代主义的新的范式，同时它也不同于后现代主义。参数化主义中的大部分思想根源于"生成（Becoming）"哲学，"生成"强调事物发展的自组织性与自我逻辑，舒马赫在命名参数化主义之前曾一度称它为"自组织系统（Self-Organization）"。在"生成"的语境下，参数化主义注定是人本主义的。它强调人的需求复杂性，认为现代主义的简单重复是在扼杀人们对于功能的选择。当舒马赫被问及参数化与参数化设计形式的关系时，他认为形式是结果，而参数化是过程，在参数化主义早期过程中，或许会因为提升设计能力而强调形式。然而，过程的创新才能体现这一先锋运动的成熟[29]。"形态发生"的研究，便是基于过程的创新，撕去参数化设计形式主义的标签，用功能主义的前提进行参数化设计研究与创新。

## 2. 数字形态研究工具沿革

随着计算机的发明与数字技术的发展，建筑师、设计师希望能通过更为高效和精确的方式进行数字形态研究与实验。1963 年第一款计算机辅助设计程序 Sketchpad[30] 问世，它的开发者使用了"原子性约束（ACID）"一词来描述一个类似于今天所讲"设计变量"的概念。自此以后，数字形态设计软件与程序算法便如雨后春笋一般相继问世，如：1955 年的元胞自动机[31]；1964 年的自动建筑设计[32]；1962 年的贝塞尔曲线[33]；1972 年的形状语法（Shape Grammar）[34]；1977 年的计算机辅助设计[35]；1995 年的遗传算法[36, 37] 等，以上这些都得到迅猛发展。

这期间，几款重量级的数字设计软件也纷纷发布：1982 年发布的 AutoCAD[38]；1988 年所推出的商业数字化建模软件 Pro/ENGINEER[39]；1993 年问世的 CATIA[40]；2004 年盖里技术公司发布的数字化建模软件 Digital Project（DP）。这些软件今天仍被大量使用，然而这些软件并不完全是本课题研究中所使用的数字形态设计空间研究工具，上述软件在今天多被广泛用于工程结构设计。在形态设计研究领域，我们最常使用的数字形态研究工具是 Rhino 及 Grasshopper，后者最初作为前者的参数化设计插件于 2007 年由 Robert McNeel & Associates 开发出来，它是在继承了之前的 Generative Component（GC）等可视化编程软件特点的基础上发展而来，其在数字建筑、工业设计领域被广泛使用。上述软件均具有"逆向可调节"的特点，即当模型构建完毕，可以通过调节设计变量及模型参数对数字形态进行实时、逆向的调节，相比于传统的线性的设计流程，"数字形态"的"游牧"① 式的灵活与自由为设计师及研究者提供了巨大的便利。

2000 年 Revit 技术公司（2002 年被 Autodesk 公司收购）开发了一款用于建筑设计的数字化设计管理软件。这款软件的特点是，它在设计空间中构建出了一套完整的"建筑信息模型（Building Information Modeling，BIM）"，使用者可以通过该模型进行一系列的数字化操作，包括模拟仿真、结构优化、建造预演等。BIM 技术属于"设计空间"技术中的一类，也是本书开头提到的"数字双生"技术在设计领域中的代表，其也被称作"基于模型的系统工程（Model-Based Systems Engineering，MBSE）"。

图 2-1 所示为上述数字形态研究工具发展沿革的时间线梳理。

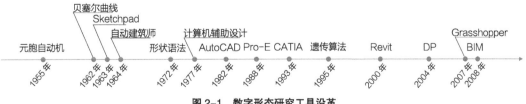

**图 2-1　数字形态研究工具沿革**

---

① 吉尔·德勒兹哲学中的"游牧"思想。

## 2.2.2　数字形态发生

"数字形态发生"是"数字形态"的第一个类别,属于哲学中的"第一自然"即"物质自然"的范畴,是基于"本体论"的数字形态。数字设计理论家尼尔·里奇(Neil Leach)对于"数字形态发生"有过这样一段描述[41]:

　　"数字形态发生"最初用于生物科学领域,指生物体生长和分化过程中的"形态生成的逻辑(The logic of form generation)"以及"形态样式的逻辑(The logic of pattern-making)"。在建筑界,"数字形态发生"是一种数字设计方法,其试图挑战"自上向下(Top-down)"的"造形(Form-making)"过程的霸权,取而代之为"自下而上(Bottom-up)"的"找形(Form-finding)"逻辑。因此,"数字形态发生"强调的是"材料性能(Material performance)"而不是"外观审美(Appearance)",强调的是"过程(Processes)"而不是"表征(Representation)",强调的是"动态形成(Formation)"而不是"静止形态(Form)"。①

里奇还认为"形式(Form)"一词应该被置于"形成(Formation)"一词的从属地位,同时"形成(Formation)"一词与"信息(Information)"和"性能(Performance)"具有联系(图2-2)。

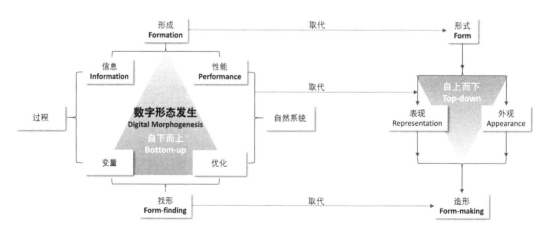

图2-2　数字形态发生

---

① LEACH N. Digital Morphogenesis [J]. Architectural Design, 2009, 79(1): 32-37.

## 1. 形态发生（Morphogenesis）

最早提出"形态发生"概念的是英国苏格兰数理生物学家达西·汤普森（D'Arcy Wentworth Thompson），他在 1917 年完成了著作《生长与形态（*On Growth and Form*）》[42]，书中详细介绍了"形态发生"的科学研究方法，并配有大量研究发现与案例，例如书中第 11 章所揭示的自然界中，如鹦鹉螺、向日葵中存在的"等角螺旋线"形态发生规律；书中最有名的是最后一章，第 17 章关于"转换理论"的内容，汤普森受德国画家阿尔布雷特·丢勒（Albrecht Dürer）的启发，探索如何通过几何变换来解释生物的形态规律及其组成部分，他用该方法探索了各类生物体的形态发生规律，如人脸、鱼的身体、螃蟹以及植物等（图 2-3）。

人类的头骨　　　　　　　　黑猩猩的头骨　　　　　　　　狒狒的头骨

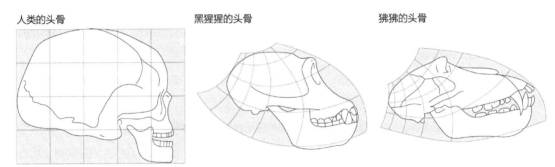

图 2-3　达西·汤普森的"转换理论"应用 [43]

汤普森对于自然形态以及数学美学的探索启发了如勒·柯布西耶（Le Corbusier）、密斯·凡·德·罗（Mies van der Rohe）等很多著名的建筑师、科学家与艺术家，这其中还有一位重要人物，即人工智能之父：艾伦·麦席森·图灵（Alan Mathison Turing）。图灵于 1952 年发表了他的代表作"形态发生的化学基础 [44]"，在论文中他使用偏微分方程模拟催化化学反应，以解释"形态发生"的现象与机制，提出了著名的"图灵斑纹（Turing Pattern）"以及其图案形成的原型模型"反应扩散系统（Reaction-diffusion Systems）"。图灵在"形态发生"方面的工作至今仍然很重要，被认为是"数理生物学（Mathematical Biology）"领域的开创性工作（图 2-4）。

图 2-4　图灵与图灵斑纹 [44]

# 2. 自下而上（Bottom-up）

　　"数字形态发生"的一个重要特征就是"自下而上"，所谓"自下而上"可以从两个方面来理解，一个是形态的"自组织性（Self-Organization）"，所谓"自组织"即将"形态发生"过程看作是一个动态系统，这个系统具有自我运行逻辑与自我发生机制，这个系统以外的"主观意识"不会对这个系统的逻辑与机制进行"人为"干预，任其依据自我逻辑与规律自发生成。另一个方面是形态设计过程中的"去中心化（Decentralization）"，即在这个"自组织系统"内部所有的系统元素、参与者都存在一定的运动、发生机制，"形态发生"的结果是自组织系统内部所有元素共同作用的结果。当人作为"自然客体"的一部分参与到自组织系统中，人与物的关系是平等的，人也成了自组织系统的元素，参与形态发生的自组织生成过程。"自组织性"与"去中心化"都是形态本身所固有的物质属性，即"第一自然"的物质性、客观性，以及"本体论"的体现。

　　为了更具体和形象地解释什么是"自下而上""自组织性""去中心化"，这里举一个设计史中的案例。该案例是 1955 年加州迪士尼公园的园区路径设计[45]，项目的设计者为著名的现代主义设计大师沃尔特·格罗皮乌斯（Walter Gropius）。迪斯尼乐园邀请格罗皮乌斯对园区中景点道路的连接进行设计，时任哈佛大学建筑学院 [ 哈佛设计学院（GSD）的前身 ] 院长的格罗皮乌斯，已经从事建筑设计 40 余年，却被眼前这个园区路径设计问题难倒了，前后方案共改了 50 余稿。伴随着公园面向公众开放时间的临近，以及施工方的不断催促，格罗皮乌斯也越发感到压力，于是他前往地中海滨度假以理清思路。当他路过法国南部著名的葡萄产地，突然被眼前一个特别的葡萄园所吸引。一般葡萄园里的销售人员都是将葡萄摘下来提到路边，向过往车辆行人贩售，然而这座葡萄园无人看管，客人只需要在路边的箱子里投入 5 法郎就可以自己摘一篮葡萄上路。实际上，这座葡萄园的主人是一位年迈的老人，她由于身体的原因才想出这样的办法，结果却给她的葡萄园吸引了大量的客人，成为方圆百里葡萄销售最快的人。老人的这种让客人任其选择的做法使格罗皮乌斯深受启发。他迅速把这个想法运用到迪斯尼乐园的园区道路设计当中。他让施工部在园区撒上草种，没多久草就长了出来，之后就开放园区给游客，整个乐园的空地都被绿草覆盖，草地被踩出的小道宽窄不一，优雅自然。第二年，格罗皮乌斯让人按这些踩出来的痕迹铺设了人行道。实际上，园区的路径不是格罗皮乌斯设计的，而是由游客自己踩出来的。1971 年在伦敦国际园林建筑艺术研讨会上，迪斯尼乐园的路径设计被评为世界最佳设计。每当人们问他，为什么会采取这样的方式设计迪斯尼乐园的道路时，格罗皮乌斯说：设计是人性化的最高体现，最人性的设计就是最好的设计[46]。

　　建筑师马岩松曾经设计过一个鱼缸[47]（图 2-5），这个鱼缸作品入选 2011 年首届北京国际设计三年展，鱼缸的设计理念与上述公园路径的理念类似，都是源于"自下而上"的思想。他先是通过长时间观察鱼在水中的游动，使用摄像机记录下鱼在水中的运动轨迹，进而再通

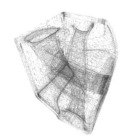

**图 2-5 马岩松设计的鱼缸作品** [47]

过所记录的运动轨迹设计鱼缸的造型，换句话说，鱼缸的造型不是马岩松设计的，而是鱼自己游出来的。

上述的两个案例所使用的设计策略是典型的"形态发生设计（Morphogenetic Design）"方法，即遵循"物质自然""自然形态"的客观规律，以"自组织""自下而上""找形"的方法进行设计形态的方案探索。自然的运行法则是一种自适应的优化设计策略，"形态发生设计"正式利用了这一点，让"自组织系统"按照"自然形态"的优化原则生成最为合理、符合"物质自然"规律的最佳形态。同时，"形态发生设计"也是对于自然资源保护的一种方式。

## 3. 生成

吉尔斯·德勒兹（Gilles Deleuze）是法国后现代主义、后结构主义哲学家，他的哲学思想是关于"生成（Becoming）"的本体论 [48]。同时，他的一系列哲学观点如：游牧、图解、块茎、褶子、事件等，被很多学者认为是参数化设计的哲学基础 [49]。

上文提到的格罗皮乌斯的迪士尼公园路径项目以及马岩松设计的鱼缸均是基于"生成"的哲学思想。"生成"探讨的是事物的内因与内在逻辑，即事物的"本体论"。对于"数字形态发生"这样有形的载体，其"本体论"是形态形成的原理与发生的机制。但对于抽象、无形的问题，如设计问题，其"本体论"层面的元素又该如何把握呢？

本书认为，对于抽象问题，首先应该明确这个问题中的"自组织系统"是什么。例如格罗皮乌斯设计的迪斯尼乐园，其自组织系统是公园绿地与游客所构成的系统，这里需要注意的是，虽然游客也是人，但是游客属于"自组织系统"中的人，发挥的是自下而上的作用，与该系统外的"设计师"格罗皮乌斯有天壤之别，设计师在"自组织系统"之外，对于该系统的任何改变均属于自上而下的外力。同理，马岩松的鱼缸项目中，鱼和水以及鱼缸形态同属于一个自组织系统并在进行着自下而上的自组织生成，而建筑师马岩松则在该系统之外发挥自上而下的作用。

"生成"的哲学思想应用在工业设计领域则是从用户的需求出发，将用户使用产品的行为以及产品的功能作为产品设计的本体论，以及根本点与出发点。"形式追随功能"以及更进一步的"形式追随行为"等设计理念与信条，都是在强调设计中功能与用户的第一性，形式的第二性。在数字形态设计中，包括像扎哈这样的大师，也避免不了过于强调形式的问题。作者认为过于强调形式会把设计引向歧途，设计史学家、理论家王受之教授曾经说过：在设计史中，形式主义的设计运动与设计思潮往往是短命的[15]。因此，作者运用"生成"哲学思想，以用户为中心，以用户的行为细节作为设计的出发点与设计变量，探索以功能主义为核心的、以人为本的数字化工业设计方法。

在前文中曾经提到过的参数化主义的提出者，帕特里克·舒马赫（Patrick Schumacher）将社会学家尼古拉斯·卢曼（Niklas Luhmann）的哲学思想，尤其是"交流理论"作为自己的参数化理论的哲学立足点[50]。

卢曼的哲学体系中，是以"自我指涉""自我组织"等强调自我逻辑与内在因素的"生成"哲学思想作为根基，相比于德勒兹，他发展出了一套更为完整和系统性的社会学理论。

卢曼的"交流理论（Communication Theory）"认为社会中的一切活动都来源于交流，人与人、人与物、物与物之间都存在着交流，这一观点运用在设计研究与设计应用的过程中能够给我们带来新的启发，如设计一把座椅，这个座椅的功能是为了满足我们"坐"的需求，因此我们可以为它取一个功能主义的新名字："坐具"。我们可以从"坐"这一功能入手，进行设计的发想，我们的设计就是为"坐"而设计。

然而，你可以坐，我也可以坐，大家都可以坐，我们所有人和这把椅子形成的"交流"是一样的，就是"坐"这一功能，本书以为这是不科学的，尤其是在数字技术发展迅猛的后工业时代。在后工业时代，人们对于工业产品的需求逐渐发生着变化。长期以来，以现代主义、功能主义为核心设计理念所产生的工业产品，呈现出一种满足大规模消费、大批量生产的景象，它们满足大众的需求，换言之，它们满足的是一种"集体需求"即是集体的"平均需求"，然而根据马斯洛需求层次理论，对于"个体"而言，这一"集体"的"平均需求"往往是"个体"的"基本需求"抑或是"最低需求"。所以，现代设计所产生的工业产品就好比"米饭"和"白开水"，虽然有着易用、纯粹、诚实等诸多好处，但总是难以避免单调和乏味，因为人的需求层次是复杂的、多元的、个性化的，不能用现代主义、理性主义的平均主义、集体主义及一元论原则简单地、"自上而下"地与之关联。

本书认为，我们常说的"功能"属于"平均需求"层面，而"行为"则属于"个性化需求"的表现。对于产品与使用者所构成的"自组织系统"，使用者的"行为"属于这个系统中的"本体论"元素，而"功能"则是这一系统之外设计师的"自上而下"的人为定义。人的需求是复杂的，简单的功能"坐"并不能完全反映出用户的潜在需求。而用户的行为"怎么坐"则是用户与座椅之间真正的"交流"方式，这是一个复杂的人与物的互动过程。本书第4章提出了"形式追随行为"的理念，应用数字技术获取使用者最舒适坐姿的行为变量，从而在设计空间中自下而上地生成符合当前使用者行为的座椅数字形态。

# 4. 生成式设计（Generative Design）

在数字形态、数字技术的语境中，上述的"自下而上"的"找形"以及"生成（Becoming）"哲学思想，可以被一个新的概念所囊括，即"生成式设计（Generative Design）"，这里需要注意的是"生成式设计"中的"生成"，与"生成哲学思想"中的"生成"并不完全相等，它们所对应的英语词条也有所不同，前者是"Generating"后者是"Becoming"，即便如此，两者的内涵具有很多共同之处，都是基于事物的"本体论"，以"自下而上"的方式"自组织"生成，因此在中文语境中，二者的词条相同，均为"生成"。

生成式设计是一种数字迭代设计过程，它具有一套"规则系统"，该系统可以生成满足特定约束条件的一定数量的设计输出，同时，设计者可以调节"设计变量"的取值范围与分布来调整生成设计输出的"可行域空间"。生成式设计中的设计者不一定是人，它可以是一段自动化设计程序或人工智能，例如"生成对抗网络（Generative Adversarial Network，GAN）"[51]。生成式设计可以全面利用计算机的运算能力，帮助设计师探索设计方案的更多可能性以及扩展更广阔的设计空间[52]。生成式设计正处于快速发展的状态，它可以被继续划分为两种独特且有力的设计敏感性："参数化设计（Parametric Design）"和"算法设计（Algorithmic Design）"[53]。

1）参数化设计（Parametric Design）

参数化设计即是参变量化设计，它是将影响设计的各个因素进行参变量化，进而得到参变量（设计变量），再用这些参变量（设计变量）建立某种关系或是某种"规则系统"，从而输出设计结果的方法。参数化设计的特点是逆向可调节的功能，即当改变参变量的值时，设计的结果会随之自动改变[54]。

从以上定义不难看出，参数化设计是由两个重要组成部分构成：即是参变量（设计变量）和连接这些参数的关系或"规则系统"。因此，本书基于参数化设计的研究逻辑与路径也是按照参数化设计的基本定义展开而来的，将基本定义作为出发点是为了避免研究逻辑上的混乱，是将复杂问题简单化的做法，充分理解定义并提取定义中的关键性元素，可以使研究路径清晰明了、有章可循。

参数化设计的研究范围极为广泛，它涵盖大部分造型设计领域。当前，它最常用于建筑设计中，尤其是建筑单体造型设计以及建筑表皮设计。同时，它也可用于城市规划设计、室内空间设计、景观与环境艺术设计、家具及灯具设计、展示设计、视觉传达设计、服装设计、珠宝首饰设计以及雕塑艺术等不同领域。

"参数化"一词来源于数学，指使用某些参数或变量进行设计，这些参数或变量可以通过数学规则系统的结果进行修改进而操控建模结果[55]。因此，参数化设计的原理可以定义为数学设计，其中设计元素被表示为参数，这些参数可以通过参数关系及规则系统被表述为复杂的数字形态，这些数字形态是基于设计元素的参数而产生的，通过改变和调节这些参数，新的形态同时产生[56]。参数化设计是一个基于算法思维的过程，通过参数和规则的表达，共同定义、编码和阐明设计意图与设计响应之间的关系[57]。

随着先进的参数化设计系统和数字技术的发展，现代设计出现了一种新的全球风格——参数化主义，它已成为当今先锋主义实践的主导风格，并成功取代"现代主义"，作为新一波的系统创新的长期、稳定的设计风格[26]。除了建筑和城市设计外，参数化设计方法论还应用于许多领域，包括复杂算法关系、交叉学科、创新及设计思维等[56]。

2）算法设计（Algorithmic Design）

2017年10月30日，伦敦大学学院巴特莱特设计学院（Bartlett，UCL）的BPro项目负责人Gilles Retsin（吉尔斯·雷特辛）在他举办的"离散设计"展览上提出了"我们从来没有数字化[58]"的观点，一时间数字设计领域一片哗然。他的陈述如下：建筑从来都不是数字化的，尽管使用计算机来计算大量的复杂性，我们进行的数字设计与建造的方式仍然是模拟的，因此我们不断增长的计算能力仅仅是在一种具象的方式中使用。数字制造这个术语也具有误导性，3D打印也是一个模拟的过程，模拟数控铣床的手工操作。吉尔斯之所以提出这个观点，是为了他的"离散设计"进行推广，他认为通过"离散设计"可以获得数字自动化设计和自动化制造的高效率。无论是否令人信服，他的确提醒了我们，目前的数字设计技术还远远没有达到100%的数字化。上一小节介绍的"参数化设计"即便已经发展到非常成熟的水平，但仍然具有很多局限性，仍然无法做到"自动化设计"。

近年来，数字技术的发展，尤其是在人工智能领域的突破，使得"算法设计"得以与机器学习、神经网络技术相遇，生成更多的设计可能性，探索更广阔的设计空间。机器学习的运算模式是生成式设计的典型代表，其工作流程大致为，首先对大量数据进行学习和训练，进而挖掘和学习这套数据背后的内在逻辑，从而使用该逻辑完成后续的任务，如预测、生成等。机器学习通过对于大量数据的挖掘，学习其背后的隐式逻辑的过程，就是一个典型的自下而上生成的过程。通常，即便是计算机科学家也不知道机器学习是如何学会这种内在逻辑的，这个生成过程往往是一个"黑箱"操作。

在这个以人工智能为中心的时代，我们将"算法设计"描述为一个专业的数字设计领域，涉及解决设计中的方案探索、数据分析与预测问题[59]。随着信息技术的发展，将人工智能和机器学习等编程和大数据计算的思想引入设计领域，使得计算机辅助设计的便利得以更好地体现，并且对理解人类的设计行为、思维方式具有启发作用[60]。我们对设计过程的理解以及数字形态建模能力仍然有限，"算法设计"研究的主要方向之一是开发设计过程的模拟人的设计思维的人工智能算法，以便更好地理解设计过程，并生成有效的工具来帮助设计师在具体细分领域中进行设计空间探索与优化，使得设计过程的各个方面都实现自动化[61]。

## 2.2.3 数字形态学

"数字形态学"是"数字形态"的第二个类别，属于哲学中的"第二自然"即"人化自然""人工形态"的维度和范畴，是基于"认识论"的数字形态。

著名的诺贝尔经济学奖得主、图灵奖得主赫伯特·西蒙（Herbert Alexander Simon）在他的《人工科学》[62]中有这样一段文字，作者认为用来解释本研究中的"数字形态学"最为恰当：

> 因为当我们解释了这个奇妙的、被揭示了的"隐藏模式（Hidden Pattern）"的时候，一个新的奇迹出现了：复杂性是如何从简单中编织出来的。自然科学和数学的"美学"，以及音乐和绘画的"美学"是相同的，两者都存在于一种"部分隐藏模式（Partially Concealed Pattern）"的发现中。①

西蒙对于运用自然科学研究方法探索美学原理即"隐藏模式"的描述，使作者深受启发。"美学"问题、视觉设计问题这类设计师主观决策与审美直觉占主导地位，几乎不存在客体的自组织发生机制的形态类别，将作为本书"数字形态学"重要的研究对象与载体。

## 1. 形态学（Morphology）

在第 1 章的概述部分，本书已经阐述了"形态学"与"形态发生"的区别，"形态学"主要以"认识论"的方式，以"自上而下"的逻辑，探索"人化自然""人工形态"的"形态规律"与"美学规律"；而"形态发生"是以"本体论"的研究视角，以"自下而上"的逻辑，探索"物质自然""自然形态"发生与形成过程中的"本质规律"与"发生机制"。两者的本质区别在于："形态发生"强调"自然"与"过程"；"形态学"强调"人工"与"结果"。正如上文所述，"形态学"的特点在于，以"自然科学"的研究方法，揭示"自然形态"的"隐藏模式"进而将这种"隐藏模式"转变为创造"人工形态"的方法论。简而言之，"形态学"中"形态规则"来源于科学家、哲学家、艺术家主观的"认知、想象、计算、推测"等，而"形态发生"中的"发生机制"则来源于实验的客观"发现"。

古希腊哲学家试图以"形而上"的方式，找到一条完美的万物公理。毕达哥拉斯（Pythagoras）认为自然界中的万物皆与"数学"有关，即"万物皆数"[63]，例如由"数字秩序"所构成的和谐的音乐旋律[64]，他认为一切"美学"的本质皆是"数学"[65]。恩培多克勒

---

① SIMON H A. The Sciences of the Artificial [M]. Cambridge：MIT Press，2019.

（Empedocles）认为万物由"水、风、火、地"四种元素组成，其构成规则来源于人们的"爱（结合）"与"恨（分开）"[66]。柏拉图（Plato）提出了"理形论（Theory of Forms）"，他认为"理形"是一种最理想的形态，而且"物质自然"世界中不存在"理形"，"自然形态"只不过是"理形"的不完美的复制品，所以"理形"是万物形态的模板和公理。例如，"圆形"是一个"理形"，但是自然界中没有完全圆形的形态，均是"圆形"的不完美的复制品，如一朵花可能大致是圆形的，但它绝对不是一个完美的圆形[67]。

文艺复兴时期的意大利艺术与科学巨匠列奥纳多·达·芬奇（Leonardo da Vinci）也作了很多"形态学"方面的研究。例如，他注意到树叶在树干上的螺旋排列模式，以及树干随着年龄的增长而获得连续的"年轮"，并提出了一条满足树干表面积与树枝表面积数学关系的"形态学"规则[68]。

1202年，意大利数学家列奥纳多·斐波那契（Leonardo Fibonacci）出版了他的书《自由·阿巴奇（*Liber Abaci*）》，将"斐波那契数列"介绍给世界[69]。他还基于"斐波那契数列"提出了一个理想化兔子种群发展的"思想实验（Thought Experiment）[70]"。开普勒（Johannes Kepler）指出了"斐波那契数列"在自然界中的存在，用它来解释植物花朵中的"五边形"形态构成原理[71]。1754年，瑞士博学家波涅特（Charles Bonnet）观察到植物的螺旋叶序以顺时针和逆时针黄金比例数列表达[72]。在此后的数百年间，先后有科学家、植物学家发现了植物形态与"斐波那契数列"的关系，如植物花序轴比例与斐波那契数列相关联；松果和菠萝的表皮结构螺旋线的左右旋线数均为"斐波那契数列"数；包括上一节中提到的数理生物学家汤普森（D'Arcy Wentworth Thompson）也在他的《生长与形态》一书中的第14章揭示了向日葵植物花心结构螺旋线的序数为"斐波那契数列"中的数，并揭示了美学中的"黄金分割比"法则。德国心理学家阿道夫·蔡辛斯（Adolf Zeising）在其1854年的书中探讨了植物部分，动物骨骼及其静脉和神经的分支方式以及晶体中所表现出的"黄金分割比"[73]。

19世纪，比利时物理学家约瑟夫·普拉托（Joseph Plateau）提出了"普拉托定律（Plateau's Laws）"，该定律描述了"极小曲面（Minimal Surface）"应满足的几何结构与数学条件，如果具有指定边界的"皂液膜"的结构不遵循"普拉托定律"，则这个结构不稳定，它会很快破灭或自我改变结构，最终变为遵循"普拉托定律"的结构[74~76]。英国数学物理学家、热力学之父，开尔文勋爵（Lord Kelvin）威廉·汤姆森（William Thomson）在1887年提出了"开尔文胞体阵列（bitruncated cubic honeycomb）"，这种结构构成的空间皂液膜结构可能是表面积最小的理想泡沫空间结构[77]。然而，1993年物理学家丹尼斯·韦尔（Denis Weaire）和罗伯特·费伦（Robert Phelan）提出表面积更小的"韦尔—费伦结构（Weaire-Phelan Bubbles）"，2008年北京夏季奥运会国家游泳中心"水立方"的建筑外立面结构便是"韦尔—费伦结构"的应用[78]。

其实，"开尔文胞体"和"韦尔—费伦结构"均是"沃洛诺伊图（Voronoi Diagrams）"或被称为"泰森多边形（Thiessen Polygons）"的变体，乌克兰数学家格奥尔古·沃洛诺伊（Georgy Voronoy）在 1889 至 1897 年间，就读于圣彼得堡大学（Saint Petersburg University），师从著名数学家安德烈·马尔可夫（Andrey Markov），其数学成就之一就是在 1908 年提出了"沃洛诺伊图"的概念。1911 年美国气象学家阿尔弗雷德·H. 泰森（Alfred H.Thiessen）将"沃洛诺伊图"用于气象预报领域，故此图形又被称作"泰森多边形"。有关泰森多边形的具体性质及相关方法论在本书第 5 章"接受美学"的美学优化设计案例中会有更具体的内容。

1967 年法国数学家曼德博·B. 曼德尔布罗特（Benoît B. Mandelbrot）发表论文《英国的海岸线有多长？统计自相似和分数维度》[79]，文中提出了他早期"分形（Fractal）"的思想。1968 年，匈牙利理论生物学家阿里斯特·林登迈尔（Aristid Lindenmayer）开发了"L系统（L-system）"，即一种形式语法，用分形的形式模拟植物生长模式。

## 2. 自上而下（Top-down）

麻省理工学院（MIT）脑与认知科学系的爱德华·H. 阿德尔森（Edward H. Adelson）教授曾经做过一个视觉实验，项目的名称为"棋盘阴影错觉（Checker-Shadow Illusion）[80,81]"。如图 2-6 所示，在棋盘的 A 与 B 两个方格中，我们看到的颜色是不同的，但是实际情况是图中两个方格中的颜色是相同的。这是人脑视觉系统发生"错觉"的结果，其实，人眼视网膜所看到的结果与图片中是一致的，但图像信息传输到人脑视皮层（Visual Cortex），以及经过后续"视觉大脑"的一系列加工处理，便产生了我们所见到的符合我们认知逻辑的、能够让我们认知系统理解的视觉图像。如果我们的"视知觉系统"能像机器或 Photoshop 软件一样，在不借助任何辅助手段的情况下直接从图中 A、B 两点识别到相同的颜色，那么我们的"视知觉系统"可能出了问题。这个实验为我们揭示了一个事实，那就是我们看到的世界并不是真实、客观的，而是经过我们的"视觉大脑"经过"自上而下"改变了的世界。

**图 2-6　棋盘阴影错觉** [82]

在上一小节对于"数字形态学"沿革的梳理中，我们发现了一个有趣的现象，即人们以"自上而下"的方式去认识和定义世界的"本体论"时，往往会出现错误，如开尔文勋爵提出了在他所处时代最理想的"开尔文胞体阵列"，却在1993年被韦尔和费伦两位科学家提出的"韦尔—费伦结构"推翻了。更不必说，古希腊哲学家提出的一系列我们今天看来有着明显错误的"形而上"万物公理。这正是"自上而下"的人的认知的特点，人的主观认知往往因个性差异、时代背景、外界环境等因素存在一定的局限性。

然而，我们不能因此就否认"自上而下"主观认知的价值，恰恰相反，其在某些特定领域具有极高的价值。例如，在"艺术"这种艺术家主观因素占据主导地位的领域，欧阳中石先生曾说：科学求真，艺术求假[83]。艺术创作过程是对于真实的客观世界进行主观改造和美化的过程，对于真实客观世界中一些形态不太美观的事物，艺术家会在作品中进行一些"假"的美化，由此可见艺术创作与审美中主观因素的重要程度。

## 3. 计算（Calculating）

在第1章1.3节研究问题的阐述部分曾经提到，"计算（Calculating）"一词的提出，来源于形状语法的发明者乔治·斯蒂尼（George Stiny）教授与他的博士奥诺·尤斯·甘（Onur Yüce Gün）的一次对谈[18]，这次对谈后来被整理成文章发表，题目就叫作：About Calculating and Design（关于计算和设计）。他们的谈话内容包含很多与数字设计相关的问题，其中就包括"计算设计（Computational Design）"这个话题。当谈到计算设计时，斯蒂尼教授认为"计算（Computing）"不能代表"设计"，不能和设计画等号，因为"Computing"这个词只能代表基于计算机的二进制计算，而"设计"光有计算机的计算是远远不够的。例如，《建筑十书》提出建筑设计具有三个标准：坚固（Firmitas）、美观（Venustas）、适用（Utilitas），"计算机计算（Computation）"只能解决"坚固"这一性能优化问题，而美观与适用这两个在设计中涉及人的主观体验的问题，光靠计算机计算是很难解决的。因此，即便是"计算设计"也离不开设计师的设计思维与主观的审美直觉与决策判断，他提出"设计等于'人的计算'（Design = Calculating）"。

## 4. 计算式设计（Calculative Design）

基于上述关于"计算（Calculating）"的讨论，以及关于"自下而上"的理解，本书基于上述基于"数字形态学"的文献综述，提出"计算式设计（Calculative Design）"的概念，它与"生成式设计"基于形态的"本体论"，进行"自下而上"的"找形"相反，"计算式设计"基于形态的"认识论"，进行"自上而下"的"造形"。

1）形状语法（Shape Grammar）

本书认为最能体现"计算式设计"的"自上而下"的"造形"特征的方法论是由斯蒂尼和 James Gips 在 1971 提出的"形状语法（Shape Grammar）"[34]。它是一套由代数逻辑生成几何形状的数字形态规则系统，其最初版本较为复杂，包括很多形状规则的定义。斯蒂尼教授的博士甘在他的博士论文中将形状语法简化为三个便于操作的公式，作者在麻省理工学院访问学习期间有幸修了甘和斯蒂尼开设的课程，理论联系实践系统地学习了"形状语法"的方法论，三个公式为："部分 $prt(x)$""边界 $b(x)$"和"变换 $t(x)$"（图 2-7），进而可以通过它们的各种排列、组合，产生纷繁复杂的"计算式形状（Calculative Shapes）"。

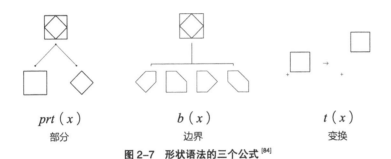

$$prt(x)$$
部分

$$b(x)$$
边界

$$t(x)$$
变换

**图 2-7 形状语法的三个公式** [84]

甘在课程中向我们详细介绍了形状语法的应用方法，并通过实例向我们展示了通过形状语法如何把简单的几何元素通过一步步计算最终得到形式感丰富的数字形态（图 2-8）。形状语法中每一步规则系统的制定都是主观和自上而下的，这一过程类似于艺术作品的创作过程，设计师的主观因素占据非常大的比重。

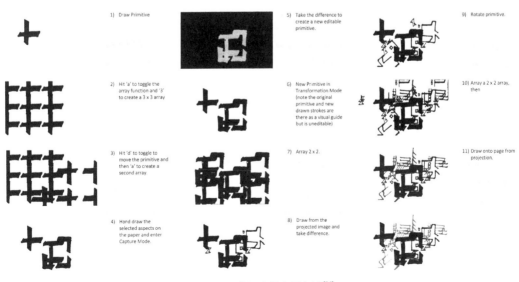

**图 2-8 形状语法的应用案例** [84]

2）设计评价（Design Evaluation）

设计评价是一个设计项目中至关重要的一环，也是"设计空间优化"环节中的重要组成部分，基于形态"本体论"的"形态发生"可以通过"找形"的方式利用形态本身的自我逻辑进行自组织设计优化，即"形态发生"的功能及性能优化过程是自然得到的过程。然而，对于基于"认识论"的"形态学"，例如视觉、美学优化问题，这种自下而上的发生机制往往是不存在的，这就需要通过设计师的主观决策对设计方案进行评价，从而得到最优设计。换言之，设计评价是基于"主观决策"的设计优化过程，"设计评价"并非是基于"数字形态学"的"计算式设计空间"中所特有的，在基于"数字形态发生"的"生成式设计空间"中也是存在的，因为只要涉及设计师的主观决策的环节都需要"设计评价"的参与。

主观决策的过程通过自下而上的方式以及计算机计算的方式往往很难实现，但是，通过自上而下的设计师主观评价却非常快速且容易实现，尤其是对于视觉、美学优化问题的审美直觉进行决策判断。

## 2.2.4　数字智慧形态

"数字智慧形态"是"数字形态"的第三个类别，清华大学美术学院的邱松教授在"第一自然（自然形态）"和"第二自然（人工形态）"的基础上提出了以"智慧形态"为核心的"第三自然"的概念[14]。在邱松教授的定义中，"智慧形态"是基于"未来"的形态，即"第一自然"中的"未知形态"与"第二自然"中的"未来形态"。

因此，除了在时间维度上"智慧形态"基于"未来"的这个特点，在哲学的维度上，"智慧形态"同时具有"未知"的"第一自然"与"未来"的"第二自然"双重"自然属性"的特点，即"第三自然"是"第一自然"与"第二自然"的统一；是"物质自然"与"人化自然"的统一；是"自然形态"与"人工形态"的统一。"第三自然"的"智慧形态"既包含"自下而上"的"本体论"形态发生过程，又包含"自上而下"的"认识论"形态学研究、发现过程。

## 1. 智慧形态（Morphogenesis + Morphology）

"黑洞"的猜想与证实是"智慧形态"的一个非常好的例子，它属于邱松教授"智慧形态"定义中"第一自然"的"未知形态"。早在 1783 年英国天文先驱约翰·米歇尔（John Michell）就提出了质量大到连光都无法逃出的天体的想法[85]。1915 年，爱因斯坦（Albert Einstein）提出广义相对论理论[86]，支持了关于"黑洞"存在的猜想，并进一步预言了关于"黑洞"的一系列物理现象，如引力波、引力透镜等。此后的百年间，无数科学家基于天文观测和推理计算，一步步让人类逐渐接近"黑洞"的真相。近些年，随着科学技术的发展，越来越多的证据被观测到：2015 年 9 月 14 日，人类首次测量到引力波的信号；2019 年 4 月 10 日，人类首次观测并拍摄到了"黑洞"的影像。我们距离"黑洞"真相越来越近，在这几百年的过程中，人类对于"黑洞"的研究，既有基于物质自然的客观的"自下而上"的观测与数据收集，又有科学家发挥自己的聪明才智进行的"自上而下"的计算与预言。这正是"智慧形态"特征的集中体现，它既包含"自下而上"的"本体论"的发现，又包含"自上而下"的"认识论"的推理。

上述关于"黑洞"的介绍属于智慧形态中第一自然的"未知形态"，我们再来看一个属于第二自然的"未来形态"的例子。本书以为，马斯克（Elon Musk）和他所创办的一系列科技商业公司是个典型的"人工智慧形态"的例子，而且他创办的这些公司都是基于未来的语境，科学家为人类预言未来，而像马斯克这样的实业家为我们创造和改变未来。早在 2002 年之前，他就与合伙人创办了互联网付费平台 PayPal，从此改变了人们的付费方式。2002 年 6 月，他成立了私人太空发射公司 SpaceX，并兼任首席执行官（CEO）和首席技术官（CTO）。2012 年 5 月 22 日，SpaceX 发射了一枚两级火箭，将一艘名为"龙飞船"的太空飞船送上太空，并与国际空间站对接，开启了太空私营化的时代。2020 年 5 月 31 日，SpaceX 发射了搭载了两名航天员的"龙飞船 2 号"，送往国际空间站，并且成功回收了一级火箭推进器，开启了商业载人航天时代。很多大众消费者知道马斯克的名字或许是因为他的特斯拉（Tesla）汽车，马斯克是特斯拉汽车公司的创始人和总设计师，他对电动汽车的兴趣起源于他在很早时候对于物理和材料科学的研究，他的目标是研发出能够给电动汽车提供足够能源的超级电容器。除了新能源的创新，特斯拉还是世界上最早的自动驾驶汽车生产商。截至 2021 年，特斯拉汽车已成为全世界产品最畅销的电动汽车公司。与特斯拉汽车新能源领域配套，马斯克在 2018 年 10 月成立了太阳能光伏能源公司 SolarCity，现在它已经是整个美国最大的光伏发电公司。在未来交通工具领域，马斯克还提出了"超回路列车（Hyperloop）"的概念，旨在建设一种能在真空导管中，高速运输乘客或货物的未来交通系统，它有着比火车和飞机更快的速度，却使用更少的能源。该项目初期规划在美国西海岸，以洛杉矶区域为起点，开往旧金山湾区，全长 570km，2016 年年初，第一阶段的轨道建设工程已经开始实施。此外，在 2018 年，马斯克还成立了基础设施和隧道建设公司："无聊公司（The Boring Company）"，"Boring"一词一语双关，既有"无聊的"意思，又有"钻孔"的意思，或许隧道交通将成为未来的主流交通方式。马斯克还在人工智能领域有所布局，2015 年他成立了 OpenAI 公司，旨在促进和发展更好的人工智能，使全人类受益。2016 年，马斯克的 Neuralink 公司成立，这是一家神经科技和脑机接口公司，旨在创造出实现人脑与机器交互以及人类增强的脑机接口产品。2019 年 7 月 17 日，Neuralink 公司宣布成功研发出一款脑机接口系统；2020 年 8 月 29 日，Neuralink 展示了一头被植入神经设备的猪，该设备成功读取猪大脑的活动。这就是传奇的埃隆·马斯克，任何与未来相关的科技领域都有他的足迹，而且他对于未来的各种奇思妙想都没有停留在纸面，被他一件件地实现并实施了。

## 2. 自下而上 + 自上而下

所谓"自下而上"就是基于事物的"本体论"的自我逻辑，任其自组织发生与生成，即事物的客观性；而"自上而下"指的是通过人的"认识论"的主观认知，对事物进行主观推理与计算，有时进行人为的干预，即意识的主观性。对于基于未来的智慧形态，二者的协同必不可少，上一节介绍"第一自然智慧形态"的"黑洞"发现的历程，光靠科学家主观的猜测与计算是远远不够的，只有通过客观的观测与数据测量才能印证科学家主观推理的准确性，从而循序渐进地，最终揭开未知事物的面纱。在"第二自然智慧形态"中，上一节介绍了马斯克的例子。他不仅有各种关于未来的奇思妙想，更重要的是他创办了多家未来科技公司。这些公司通过客观的实践，不仅帮助他实施和验证他的一系列未来构想，久而久之还形成了一个庞大的生态系统，为他现有的产业提供支持，并且启发他新的科技创新。

## 3. "生成 + 计算"式设计

回到本书的研究，在设计形态领域，对于"数字智慧形态"，其研究过程中既包含自下而上的找形，又包含自上而下的造形，既包含基于本体论的生成，又包含基于认识论的计算，因此对于数字智慧形态，其研究范式为"生成 + 计算"式设计，其中既包含生成式设计的特点，又包含计算式设计的特征。

1）人机协同设计创新

本书对于数字智慧形态的"生成 + 计算"式设计的具体方法是"人机协同设计"，所谓"人机协同"通俗地讲就是"计算机做计算机擅长的事情，而人则做人擅长的事情"：计算机尤其是人工智能神经网络擅长以"自下而上"的方式挖掘大量数据背后的逻辑，进而通过机器学习的方式学习这种逻辑以备后续工作使用；而人则擅长自上而下的主观决策，很多用机器处理起来非常困难或者无法计算的决策问题，人的灵感和直觉可以在几秒内轻松解决。

2）控制论（Cybernetics）

"控制论（Cybernetics）"是一门人与机器，或者机器与机器之间相互交互的理论，在人工智能、认知科学、交互通信等领域发挥着重要作用[87]。控制论的提出者，美国电子工程专家维纳（Norbert Wiener）在 1948 年将控制论定义为"以机器中的控制与调节原理，以及将其类比到生物体或社会组织的控制原理为对象的科学研究"[88]。

# 2.3　数字形态设计空间

## 2.3.1　相关领域的"设计空间"概念

### 1. 工程领域的设计空间

　　"设计空间"以及"设计空间探索"的提法最早来源于工程领域，例如工业工程、电子信息工程等。"设计空间探索（Design Space Exploration，DSE）"是指在实施设计方案之前，探索设计备选方案的过程。在潜在设计备选方案空间上操作，使得 DSE 对于许多工程任务帮助很大，包括快速原型设计、优化和系统集成等[89]。本研究的数字形态"设计空间探索"与上述工程领域"设计空间探索"的概念有类似之处，旨在利用设计变量与探索规则系统的作用下产生大量的设计备选方案，以备后续的"设计空间优化"过程。

### 2. 人机交互领域的设计空间

　　在人机交互（Human-Computer Interaction，HCI）领域的研究工作中也会涉及"设计空间"的应用，HCI 的设计空间是用来指代某一个新的交互硬件、软件或系统所涵盖的所有设计可能性。HCI 领域的设计空间主要侧重设计问题的分析，是一种表达设计原理的方法，因此又被称为"设计空间分析（Design Space Analysis）"。"设计空间分析"具有三个要素，即："问题、选项和标准（Question，Option，and Criteria，QOC）"，以表示围绕该设计研究工作的设计空间。具体来说，HCI 设计空间的三要素"QOC"分别是指：①确定关键设计问题；②提供问题可能答案的选项方案；③评估和比较方案的标准[90]。

### 3. 计算机领域的设计空间

　　"空间"一词常出现在计算机科学领域，如"函数空间（Function Space）""可行解空间（Solution Space or Feasible Region）""潜在空间（Latent Space）"等，这些概念与本研究的"数字形态设计空间"也有很多类似的地方，下面我们逐一梳理这些空间的概念与内涵。

　　"函数空间"是指所有"拟合函数"的集合，机器学习的过程实质上是从训练数据中找到一个可以拟合所有训练数据的最佳"拟合函数",例如在线性回归问题中使用最小二乘法构建函数空间,又如在逻辑回归问题中使用梯度下降法构建函数空间。

"可行解空间"在计算机优化设计中是一个非常重要的概念,它是通过约束条件将整体设计空间进行划分后的最优解所在的子空间。一个约束条件可以将设计空间划分为两个部分,一部分满足约束条件,另一部分不满足约束条件,凡是满足约束条件的设计变量的选择区域称为"可行解空间",凡是不满足约束条件的区域则称为"非可行解空间","可行解空间"中对应的设计变量均为可行解。"可行解空间"缩小了优化设计中最优解的搜索范围,简化了设计空间探索的过程[91]。

"潜在空间"则是机器学习中一个特定的术语,它是指一个抽象的多维空间,包含我们不能直接解释的特征值,但它编码了外部观察事件的有意义的内部表示,它是一个数学空间,映射了神经网络从训练图像中学到的东西。"潜在空间"可以理解为机器学习中的黑箱。

## 2.3.2 数字形态设计空间概念界定

通过对于上述不同领域中"设计空间"概念的梳理,结合它们的共性与各自的优点,本书提出"数字形态设计空间"的概念。

首先,"数字形态设计空间"具有明确的研究对象,即"数字形态",如前文所述,"数字形态"又被分为"数字形态发生(数字自然形态)""数字形态学(数字人工形态)"和"数字智慧形态"三个类别。

其次,"数字形态设计空间"具有三个基本元素,即:设计变量、规则系统、优化目标,其中,"规则系统"又分为用于"设计空间探索"的"探索"规则系统,和用于"设计空间优化"的"优化"规则系统。

"设计空间探索"与"设计空间优化"也是下面即将要讲的第三点,即"数字形态设计空间"的两大基本功能。"设计空间探索"指的是通过规则系统与设计变量共同作用不断迭代产生大量设计方案的过程,换言之,设计空间实质上是设计方案的空间,这与上述其他领域设计空间的概念定义也是相类似的,即设计空间是设计方案与设计可能性的空间,依靠规则系统与设计变量的组合,探索数字形态设计方案。

## 2.3.3 数字形态设计空间现有研究方法梳理

本节的内容是通过文献综述及桌面调研的方式梳理数字形态及设计空间和相关领域已有的研究方法,为第 3 章基于本书的"数字形态设计空间"研究方法的提炼与创新做好储备。

图 2-9 是本书对于现有的可应用于设计空间探索与优化的方法的梳理，在设计空间探索阶段，方法主要集中在对于目标函数的构建以及对于数据结构的处理。"构造目标函数"的过程可以理解为设计空间三要素中"规则系统"的构建，图中所列的"极大似然估计""极大后验估计"以及"独热编码"方法皆来源于统计学相关理论知识。"数据降维"即是对于数据特征值数量的减少，亦可以理解为对于设计空间中"设计变量"个数的减少，现有的对于数据降维的方法很多，图中所列方法大部分来源于机器学习领域的数据结构处理与数据分析的方法论。"数据聚类"也是一种简化"设计变量"的方法，即将数据进行归类，从而为设计空间构建"设计子空间"以简化设计空间的复杂结构。

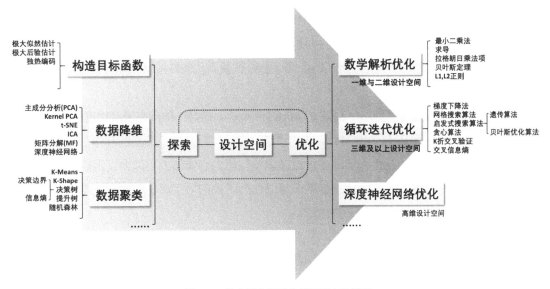

图 2-9  数字形态设计空间研究方法梳理

关于设计空间优化阶段，作者按照数据的维度，即"设计变量"的个数，划分为"数学解析优化""循环迭代优化"以及"深度神经网络优化"三类方法。前两类方法主要受数学及统计学中两种主流的回归分析方法的启发，一种是最小二乘法，另一种是梯度下降法。数学解析法适合处理二维及以下的设计空间问题，循环迭代优化法可以进行三维及以上的设计空间问题的处理。而第三类方法"神经网络优化"则以大数据为基础，运用神经网络和机器学习以"自下而上"的方式理解数据内部的关系并学习数据背后的隐式逻辑，进而获得分析高维数据的能力，以及处理高维设计空间的优化问题。此外，这其中还引入了数据降维以及数据聚类的方法，对于高维设计空间问题的处理往往是多种方法的综合应用研究。

## 2.3.4　数字形态设计空间现有研究工具梳理

### 1. 软件及编程工具

本书在研究过程中将会涉及如下与数字形态设计空间相关的软件与编程工具。

1）Grasshopper

Grasshopper 是由 Robert McNeel & Assoc 公司开发，用以配合其旗下主打的建模软件 Rhinoceros 的参数化设计插件，为 Rhino 提供可视化编程的参数化设计功能。该款插件一经推出便引起轩然大波，特别是对于不会编程的设计师，Grasshopper 提供了友好的交互界面和非常易学的可视化编程功能。同时，Grasshopper 具有很强大的插件系统，允许软件开发者或设计师为其编写插件以扩展其功能。Grasshopper 原有的基本功能已经能够基本满足参数化设计的需要，而其强大的插件系统更让这款软件几乎可以做任何事情。下面简要介绍在本书中将会使用到的，同时也是 Grasshopper 很具有代表性的几款插件。

2）Kangaroo Physics

Kangaroo 的作者是丹尼尔·派克（Daniel Piker），这是一款用来模拟物理力学的插件，在前文提到的弗雷·奥托（Frei Otto）作的"逆吊实验"以及极小曲面的制作，均可以用这个插件轻松地完成。Kangaroo 可以在虚拟环境模拟重力、弹簧力、风力、涡旋力等真实世界中所存在的几乎所有力。Kangaroo 不仅可以作为"找形"工具，同时它还可以利用模拟真实力学环境的特点来为设计进行结构优化。

3）Firefly

Firefly 的作者是安德鲁·佩恩（Andrew Payne），2011 年，他在哈佛大学读书时开发了这款插件，并发表了一篇论文 A Five-Axis Robotic Motion Controller For Designers，在文中重点阐释了他是如何运用 Firefly 与 Arduino 相结合制作五轴机械手臂的，引起了设计界的广泛关注。

Firefly 这款插件作用很强大，它的最基本作用便是实现 Arduino 与 Grasshopper 的对接，它能够同时接收 Arduino 输入的 9 个信号，其中包括可以连续变化的模拟信号，以及布尔变化的数字信号。模拟信号就相当于 Grasshopper 中的 slider 数字拉杆，而数字信号则相当于 Grasshopper 中的 boolean，这就意味着在一套 Grasshopper 程序电池图中，原来的 slider 和 boolean 都可以替换成 Arduino 的信号输入端。参数的获取，已经不仅仅是依靠人为的拖动 slider 或改变 boolean 来实现了，可以使用 Arduino 上的传感器来作为参变量，即实现了 Grasshopper 参数化虚拟设计平台从真实物理世界获取参数。这一功能对本研究中参数的获取提供了新的方向。

除了可以与 Arduino 对接以外，Firefly 还可以与 Kinect、Leapmotion、Touch OSC

手机 App 等相连，这为本设计的研究带来了很大的启发。

4）Ghowl

这款插件的功能与上面所介绍的 Firefly 相似，它也能够连接物理设备，如 Kinect、手机等作为参数的输入端，同时它也具备一些功能是 Firefly 所欠缺的，如表格交互、网页交互、地理信息与谷歌地球交互等，这些神奇的功能会为本研究带来更多的启发。

5）Galapagos

这是一款用来优化和筛选结果的工具，它里面包含两种算法：遗传算法与退火算法。它可以用来处理我们人类很难选择的问题。例如，一条自由曲线上斜率开始发生变化的点；或者一个变化的立体三维造型，使其 bounding box 体积最小的变化方式等种种问题。

6）Karamba

这款插件用于参数化设计中的有限元分析，它可以使得数字三维空间中的壳体和梁受任意荷载作用，从而产生结构上的响应和分析结果。

7）Python/C#/ VB

在 Grasshopper 中，可以进行代码编程的参数化设计，常用的计算机语言有 Python、C# 和 VB。运用计算机语言的编程进行参数化设计，是为了弥补 Grasshopper 节点式编程的局限性，同时为具有计算机学科背景的设计人员提供更强大的设计工具。在 Rhino 4.0 时代，Rhino 软件中内置的脚本语言编程工具是 Rhinoscript，而新的 Rhino 5.0 也在 Rhino 软件中内置了 Python 编程功能，同时它也逐渐正在替代 Rhinoscript 的作用。

## 2. 传感器及智能硬件工具

在本书的研究中，需要应用传感器技术，例如在"生成式设计空间"研究中从物理真实世界中获取"设计变量"的过程，就是通过多传感器的组合实现的，本节梳理传感器的相关资料，为后续的设计研究作好相关的知识储备。

1）Kinect for Windows

Kinect 是 Microsoft 旗下产品 XBOX360 的外设体感摄像头，玩家可以通过它进行体感游戏，然而 Kinect 的功能及其应用远远不止于此，自从 Kinect 于 2010 年 6 月发布以来，专业网友及程序开发人员便持续不断地对它进行研究与二次开发，于是微软终于在 2011 年 6 月发布了 Kinect for Windows，专门供程序开发人员在 PC 平台上进行开发和研究。

微软研究院科学家亚努皮·谷普塔（Anoop Gupta）表示："Kinect for Windows SDK 为程序开发人员开启了无限宽广的世界，让他们可以轻松地在 Windows 上发挥 Kinect 的技术潜力。我们迫不及待想看到开发人员在我们的协助下，创造出何种更自然、更直觉的计算机操作体验。"

微软亚洲研究院院长洪小文博士介绍说："Kinect for Windows SDK 包含众多来自微软研究院的创新技术，任何有志于借助 Kinect 技术对自然用户接口进行创造性探索的人，都能够享受到它所带来的无限可能。Kinect for Windows SDK 还拓展了丰富的可能性，可应用于解决如医疗与教育等领域的社会问题[92]"（图 2-10）。

图 2-10　Kinect 及其在各领域中的应用

2）Leap Motion

Kinect 擅长人体结构的探测以及人体行为的捕捉，但对更近距离以及更高精度的要求，例如手部活动的探测，则不如专门识别手部行为的传感器 Leap Motion 更加擅长。Kinect 识别人体骨架、动作主要依靠硬件特性，Leap Motion 则主要依靠算法。Leap Motion 提供 SDK，包含多个示例。使用示例可以基本预览 Leap Motion 的功能，包括指尖位置和方向、运动趋势、手势识别、手掌平面及四指方向的识别，以手指为基准的球面法线计算，握笔手势中的笔势识别等[93]（图 2-11）。

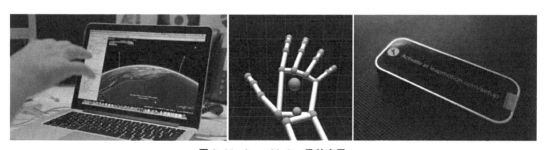

图 2-11　Leap Motion 及其应用

3）Arduino

Arduino 是一种微型电脑主板，它可以与各类传感器相连接，感知物理世界中的变化，从而产生一系列的数字信号与模拟信号，同时，我们可以通过 Grasshopper 的插件 Firefly 识别并使用 Arduino 发出的信号，进而实现真实物理世界与虚拟数字世界的对接。相比于 Kinect 与 Leap Motion，Arduino 更为基础、扩展性更强，我们可以自由地使用一系列传感器并灵活地设计它们获取物理世界变化的方式。例如，我们用 Kinect 只能得到实验参与者的一个大概的肢体姿态，而高、矮、胖、瘦这些身体特征以及实验参与者与坐具之间产生相互压力的数值等细节参数，在仅使用 Kinect 的情况下，我们便很难获得了，这时我们便可以通过 Arduino 及一系列相关传感器进行辅助，从而获得这些细节参数（图 2-12）。

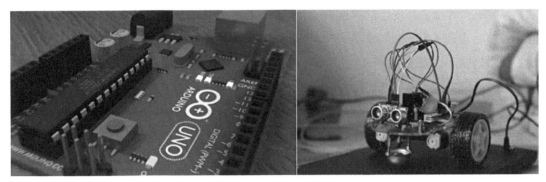

图 2-12　Arduino 及其应用

4）其他设备

我们的手机、笔记本电脑的摄像头等熟悉的电子设备，均可以与 Grasshopper 中的 Firefly、gHowl 等插件形成对接，成为本书的设计研究工具，这里对于这些我们所熟悉的设备不再逐一地作具体介绍，在后续的研究与设计中如果用到它们特有的功能时，再作详细的说明。

## 2.3.5　数字形态设计空间研究现状

虽然数字形态设计空间的概念是本书提出的，但是正如第 1 章研究意义部分所述，很多学者、研究团队及设计公司已经在应用类似"数字形态设计空间"的方法进行设计方案的探索或优化，本书的意义就是将这些零散的方法及应用进行梳理与汇总，在前人研究的基础上，明确地提炼出"数字形态设计空间"的概念、框架与方法。

麻省理工学院建筑系的凯特琳·穆勒教授专注于开发计算设计方法与工具，并领导"数字结构（Digital Structures）"研究团队，在建筑结构设计、性能优化以及数字建造上做出了很多的贡献。"数字结构"曾经开发了一款插件，插件的名字就叫作"设计空间探索（Design Space Exploration，DSE）[94]"，它是一套基于 Grasshopper 的插件工具，旨在支持数字形态设计的可视化编程，进行基于性能的"设计空间探索（DSE）"和"多目标优化（MOD）"。这些工具可以灵活地与 Grasshopper 其他组件或插件一起使用，从而采用多种方法来实现 DSE 和 MOD，包括先验、后验和性能优先级的交互式表达。多套 DSE 功能组件允许用户调节设计空间的设计变量和规则系统以实现多个功能，例如：自动迭代生成设计方案；对设计方案进行逆向重建；将设计方案运用聚类算法进行分析；分析设计变量的重要性；计算并模拟密集型性能评估；寻找多目标问题的"帕累托前沿①"等。

　　如果说凯特琳·穆勒教授团队是从形态"本体论"层面，应用设计空间进行基于性能和功能的优化研究，那么，形状语法的发明者，麻省理工学院建筑系的乔治·斯蒂尼教授，则是从另一个维度，即形态的"认识论"层面，探索设计空间在视觉、美学优化问题中的应用。作者也是于麻省理工学院访问学习期间在乔治·斯蒂尼教授团队开设的课程中第一次对"设计空间"概念有了一个全面的、系统性的认识和理解。乔治·斯蒂尼教授在最近发表的一篇论文中，将形状语法进行升级，提出了"做的语法（Making Grammar）"的概念，将二维图形的形式设计规则运用到具体的事件上，例如他在论文中讨论的"打绳结"和"画水彩画"事件中的将"做的语法"作为设计空间"规则系统"进行设计空间探索方法论的研究。

　　在国内也有很多学者基于数字形态设计空间展开研究，例如同济大学的曹楠教授以及他所领衔的"同济大数据可视化实验室"致力于自动可视化生成式设计的研究。曹楠教授认为设计空间对于他的研究非常重要，首先，一个清晰的设计空间会让设计变得结构化且有规律可循；其次，设计空间让设计不再跟着感觉走；最后，设计空间是计算机读懂设计并最终实现自动设计的基础。

# 2.4　相关领域研究现状

## 2.4.1　机器学习

　　随着人工智能技术的飞速发展，机器学习、神经网络这些名词近些年在数字设计领域出现的频率越来越高，在数字形态设计空间探索中，使用频率较高的神经网络模型与

---

① "多目标优化"问题中的术语，帕累托前沿是"帕累托最优解"对应的目标函数值。

算法主要有五种，即：卷积神经网络（CNN）、生成对抗神经网络（GAN）、人工神经网络（ANN）、循环神经网络（RNN）以及聚类机器学习算法。接下来本书将对近年来各大数字设计领域重要的国际会议和期刊文章进行文献综述，对这五类机器学习算法逐一进行梳理。

## 1. 卷积神经网络

卷积神经网络（CNN）是最常用的图像处理网络，如处理图像识别、图像特征提取、风格迁移等工作时，均可以使用该网络，其工作原理是将图像像素映射到向量，进而通过卷积核运算对向量集合进行处理。近年来有很多运用卷积神经网络进行数字形态设计的文章与案例：金（Kim）等人训练 CNN 识别建筑家具的图像及其特征参数[95]。巴德（Bard）等人通过捕捉实时图像并将其输入网络来检测机械臂制造时的缺陷，实现 CNN 与机械臂的协同工作[96]。牛顿（Newton）应用 3D CNN 将建筑根据形状特征进行分类，进而基于三种建筑的类型（扁平、蜂窝状、塔状），运用 3D CNN 采用 3D 矩阵作为体素数据，探索三种形式类型的设计空间[97]。

## 2. 生成对抗神经网络

生成对抗神经网络（GAN）是另一种主流的基于图像处理的机器学习神经网络。该网络通过其内部架构中的生成器与判别器之间的相互博弈进行神经网络的训练。近些年，基于 GAN 的数字形态设计研究论文与项目甚为流行：黄蔚欣和郑豪利用 GAN 寻找人工标记过的公寓平面图与真实图纸之间的关系，从标签到平面图映射展示了 GAN 神经网络的设计生成能力[60]。罗西（Rossi）等人应用 GAN 来学习机械臂的工作路径和弯曲金属板的形态之间的关系，训练好的神经网络可以用于生成机械臂的最佳工作路径以达到特定弯曲效果，或者反过来根据给定的机械臂的路径预测可能的弯曲效果[98]。本书第 6 章中的项目也使用了 GAN 网络进行设计空间探索。

## 3. 人工神经网络

人工神经网络（ANN）是一个较为基础的机器学习神经网络，通常可以使用 ANN 对大数据作回归分析，对数据中的特征值进行预测。丹海威（Danhaive）和穆勒（Mueller）将 ANN 应用于预测 3D 形态，通过输入 16 个形态控制点，神经网络将返回数字形态的生成结果[99]。索贝格（Sjoberg）将设计师对设计的偏好结合到 ANN 的训练中，理解设计师的主观设计偏好后，神经网络从设计空间的随机生成方案中自动选择最佳设计[100]。布鲁尼亚罗（Brugnaro）开发了一种独特的 ANN，用于从木匠那里学习木材加工的知识，然后为机械臂生成工作路径来模拟手工艺加工木材的过程[101]。在本书的第 6 章"机器学习 + 评价"项目中，也是使用 ANN 对人类设计师的评价结果与每组 12 个设计变量之间的关系进行学习，进而为新的一组 12 个设计变量预测人类设计师的评价结果。

### 4. 循环神经网络

循环神经网络（RNN）最早是为自然语言处理所开发的神经网络，它擅长处理连续型的数据，它还有一个优化版本为长短周期记忆网络（LSTM），处理数据的能力更强。罗丹等人将 LSTM 网络应用于学习弯曲橡胶棒材料的特性[102]。输入的数据是弯曲杆中 80个均匀分布的点和初始材料的高度，输出的数据是每个对应点的材料厚度。对于训练后的网络，用户可以输入任意曲线，并获得未弯曲橡胶棒的形状作为反馈。用户可以用输出的数据切割橡胶并根据曲率固定起点和终点，材料会在自身内力的作用下弯曲成输入的曲线形状。

### 5. 聚类机器学习算法

与上述四类监督学习算法不同，聚类算法属于无监督学习算法，通过将输入数据聚类为几个类别，以达到标记类似数据的作用。耶提（Yetiş）等人使用了 K-Nearest Neighbors（KNN）聚类算法，用于从未标记的 3D 模型中对建筑元素（如柱子和墙壁）进行分类，为建筑师标记混乱的模型文件提供了一种便捷的管理方式[103]。殷（Yin）等人将 K-Means 聚类算法应用于分类参观者在展览空间中的停留点[104]。

## 2.4.2　机器人（机械臂）制造

在过去的 50 年里，计算机和通信领域的数字革命改变了我们的日常生活，今天我们正在经历"制造的第三次数字革命"[105]。机器人建造技术在设计领域的兴起始于 1992 年的巴塞罗那奥运会，弗兰克·盖里（Frank Owen Gehry）的"鱼形雕塑（El Peix）"项目，该项目开创了"计算机辅助设计（Computer-Aided Design，CAD）"和"计算机辅助制造（Computer-Aided Manufacturing，CAM）"技术在形态设计领域应用的先河[106]。数字形态设计空间与机器人制造技术相结合，通过简化从设计到制造的过程，将原本分离的设计与制造过程合二为一。

早在 16 世纪初，列奥纳多·达·芬奇便设计过具有机械装置的"机器人（Leonardo's Robot）[107]"。1927 年弗里兹·朗（Fritz Lang）的科幻电影《大都会（Metropolis）》[108] 使得机器人更进一步地融入了大众的社会文化之中。然而，可编程工业机器人直到 20 世纪 60 年代才出现，并于 20 世纪 80 年代开始在大规模制造和工程领域中应用。大约是从 2005 年开始，机器人建造技术逐渐在数字设计领域崭露锋芒，机器人制造技术的引入是由设计师、设计研究学者和机器人专家共同构建的数字设计生态系统引发的，例如苏黎世联邦理工学院（ETH Zurich）的法比奥·格拉马齐奥（Fabrio Gramazio）和马蒂亚斯·科勒（Matthias Kohler），斯图加特大学的计算设计研究所（ICD）和麻省理工学院媒体实验室（MIT，Media Lab）的内里·奥克斯曼（Neri Oxman）等 [106]。与传统制造模式形成鲜明对比的是机器人制造技术可以与各种定制的模拟和数字工具一起工作，允许设计与制造过程中更大的灵活性。

本书以为，新兴的机器人制造技术，以其工艺分类来看，其实是对传统手工技艺的学习模仿和另一种解释。机器人制造技术具有不同的工艺分类，在设计、制造、装配等不同阶段发挥着重要作用。本小节通过对机器人制造技术中各类工艺的梳理，包括堆叠、切割、砌砖、缝纫、编织、制毡和填充，本书将重点放在机器人制造技术与传统手工艺的类比上，以便更好地理解它们之间的关系。

## 1. 堆叠

黏土堆叠是一种古老的手工艺，起源于新石器时代之前，传统的方法主要有黏土条堆叠法、轮制法和铸造法。目前，利用黏土进行机械臂制造的主要方法是堆叠、增材制造，即 3D 打印。通过 3D 打印逐层堆叠，机器人制造不仅解决了黏土条分层精度不高的问题，而且克服了轮制法只能使中心对称的局限性立体几何，同时避免了模型铸造的麻烦，不受模具的限制。机器人 3D 打印可以制作建筑尺度的大体量构件，从家具打印到建筑构件打印。然而，单纯的堆叠打印限制制造的多样性，且机械臂 3D 打印的精度往往不高。不少设计研究团队正在研究如何将不同的技术，包括将编织和模具铸造结合应用到机器人 3D 打印过程中，这将为设计提供更好的工艺支撑。

## 2. 切割

传统工艺中，石匠使用凿子或锯子来切割石头。500 年前，印加帝国在马丘比丘建造的石头建筑是古代石雕的代表之一，工人们手工雕刻精确的石头来建造密实的墙壁。目前，"热线切割（Hot Wire Cutting）"和"机器人链锯（Robotic Chainsaws）"是机器人切割工艺的主要方式。一些设计师探索使用新兴技术来制造古老的形式,创造了不少有趣的项目:Matter Design 团队使用机器人锯切废弃在城市中的混凝土和石块,快速准确地创造出类似印加石墙的结构。WOJR 的 Totems 项目使用热线切割来雕刻 EPS(膨胀聚苯乙烯),并遵循古老的石雕规则,创造了一个让人产生时代错觉的混合形式。这种将新的制造技术与古老的形式相结合的尝试,为探索数字形态提供了新的方法。

## 3. 砌砖

砌砖工艺可以追溯至大约公元前 4000 年。建筑工人们习惯于徒手沿着直线垒砖。如今,研究人员可以使用机械臂和无人机来砌砖。在同济大学袁烽(Philip Yuan)教授团队的"池社(Chi She)"项目中,利用机械臂的精确砌筑创造了弯曲的墙壁,工人们精密地定位和放置钢筋,充分利用了机器的精度和人工的灵活性。

## 4. 缝纫

缝纫始于旧石器时代。在 19 世纪发明缝纫机之前,所有的缝纫工作都是靠手工完成的。2015 年,斯图加特大学 ITKE 研究馆的计算设计研究所(ICD)探索了机械臂和工业缝纫机如何在具有精确几何形状的木板上协作进行缝纫装配。然而,机械臂只在工厂的缝纫单元有效,在展览现场将不同的部件缝在一起时,装配仍然是由工人手工完成的。

## 5. 编织

据记载,早在 27000 年前就已经发明了编织工艺,这种古老的技艺最初用于织物。而在埃塞俄比亚 Chencha 地区的 Dorze 人所编织的竹编屋,则代表了传统手工编织在建筑尺度上的应用。由 ICD 在 2014 年和 2017 年采用机械臂编织建造的两座 ITKE 编织亭,在织造过程中,手工和机器的协作方式各不相同。前者由两个机械臂通过两个编织效应器编织,然后由工人现场组装,后者是机器人手臂和无人机的创新协作,不需要人手工协助,为机器人制造提供了一个新的视角。

## 6. 制毡

毛毡制作是一种古老的手工技艺,尤其是对于游牧部落。它的生产主要是将纤维拼接、冷凝、压制在一起。2019 年,密歇根大学陶布曼学院(Taubman College)的一个研究团队使用机械臂探索三种制毡技术，包括纫缝、船叠和瓦片，机械臂的应用提高了制造过程的精度和速度。通过使用不同的毛毡技术，可以生产出不同的形状和图案，以获得最佳的功能与审美。

## 7. 填充

填充岩石是一种传统的粗糙的筑墙方法。例如，马耳他的毛石墙是用粗糙的石头进行填充建造的，没有使用任何一种砂浆胶粘剂。2015 年，苏黎世联邦理工学院（ETH Zurich）和麻省理工学院（MIT）的自组装实验室（Self-Assembly Lab）合作进行了"岩石打印"（Rock Print）项目，该项目使用机械臂将一层又一层的纤维精确地围绕着几吨岩石制作特定的包裹形状。不同于人工建造的包装墙，该项目克服了重力来实现不稳定的姿态。

通过上述对于机器人制造七种工艺的梳理，印证了本书的猜想，即机器人制造技术实质上是对于传统手工艺的数字化诠释，新兴的数字智慧与古老的传统智慧本质上是同源的。在本书的研究中，机械臂制造技术发挥着重要的作用，例如在第 5 章的"接受美学展示设计"项目中，本书试图寻找一种可以代替中国山水画毛笔等传统绘画工具的数字化制造工具，进而在新的媒介上进行中国山水画风格特征的数字化诠释，最终本书选用了机械臂热线切割技术和 EPS（膨胀聚苯乙烯）泡沫材质，便是基于本小节关于机器人制造综述的结论。

## 2.4.3　3D 打印技术

虽然上一小节中介绍了部分关于机器人 3D 打印的内容，但 3D 打印技术的重要程度以及对于数字形态的重要意义值得单拿出一节来加以更多的阐释。而且，上一节所介绍的机械臂 3D 打印技术与接下来所讲的标准 3D 打印技术仍然是有很大差别的，机器人 3D 打印因其大体量的特点，往往采用精度最低的 FDM 工艺，如上一小节中介绍的黏土 3D 打印，而标准 3D 打印技术不仅具有更高精度的 SLA 以及 SLS 等工艺，还在材料选择上大大领先机器人 3D 打印。

近年来，3D 打印技术的蓬勃发展使得它日益成为数字制造技术中必不可少的组成部分。它不仅带来了生产模式的变革，也带来了复合材料与智能材料的不断创新，同时它还使得工业设计与工业生产的自上而下的传统范式发生着改变。

3D 打印技术也被称为增材制造技术，传统的制造技术是以铸造、锻造为代表的等材制造技术和以 CNC 技术为代表的减材制造技术。传统的制造技术使得工业产品的制造受限于很多因素，如 CNC 制造中必须考虑退刀槽与刀具角，铸造技术中必须考虑分模线与脱模斜度等问题，这使得工业设计仿佛是戴着镣铐跳舞，造型与结构受到很多限制。对于数字形态来说，很多设计方案是无法实施的，只能遗憾地停留在图纸阶段。

而 3D 打印带来了很多改变，3D 打印不仅解放了工业产品造型的禁锢，同时在结构、生产方式上也带来了革命性的进步。例如，传统的制造方式，出于工艺和成本的考虑，很多产品的结构并未被优化，原本可以减少的材料没有被处理，不仅是对于多余材料的浪费，同时也会给产品增加不必要的重量。而 3D 打印的特点就在于设计形态是由材料逐渐累加而成的，因此很多优化的结构，如镂空结构、轻质结构、网状结构等，被很容易地制造出来，解决了过去无法实现的结构优化难题。

3D 打印还带来了一项革命便是免组装装配，一件产品是由多个零件组装而成的，在传统的制造方式中，首先要针对不同零件进行加工和生产，如果是塑料材质，便要开很多磨具，这大大提高了产品的生产成本。与此同时，对于零件还需要人工进行组装，这又是一项不菲的开支。而 3D 打印成功地解决了装配的问题，因为 3D 打印可以直接打印出一件包含多个零件以及与其具有装配关系的产品，并且该产品具有预设的功能。

3D 打印带来的生产模式变革不仅限于此，芬兰设计师珍妮·基塔宁（Janne Kyttanen）在接受《Dezeen》杂志专访时说：3D 打印技术将走进千家万户，改变人们作为消费者的角色，消费者将不再只是购买产品，人人都将成为设计者、创造者、制造者，生产自己的产品[109]。这便是 3D 打印技术带来了社会化生产模式，而 3D 打印技术承担社会化制造是无可厚非的，但"人人都将成为设计者"这个论断，对于 3D 打印技术来讲却言过其实了，毕竟 3D 打印机并不具备任何设计功能，它只是生产制造工具。

幸运的是，数字形态设计空间当之无愧地承担了社会化设计的工作，因为其工作原理是通过调节设计变量使形态随之改变，也就是说，设计师将在前期用算法构建好设计空间，并给定一定限制条件，将设计变量的取值规定在一定范围内，把调节变量的工作交由用户来完成，从而实现用户参与式设计，让用户自己调节设计变量改变设计形态，满足自身的个性化需求。这样的做法已经有很多研究数字形态设计的机构与公司在尝试推广了。

# 2.5　本章小结

本章的主要内容为全书的文献综述，对本书中所出现的概念、方法进行全面的梳理和总结。本章首先对本书的研究对象"数字形态"的相关理论及发展沿革进行梳理，以数字形态的三个分类逐一对每一类具体的数字形态进行文献综述与知识总结。接下来，本章对设计空间的概念及方法进行梳理，结合相关领域的设计空间概念，站在前人的肩膀上，提出"数字形态设计空间"的概念并梳理其发展现状。最后本章又对于"数字形态设计空间"的相邻其他领域进行研究现状的调研。本章进行的文献综述，较为全面地梳理和总结了"数字形态设计空间"的相关概念与知识，为本书接下来进行的"数字形态设计空间探索与优化"方法与应用实践研究提供理论基础与知识储备。

第 **3** 章

数字形态设计空间探索
与优化方法研究

# 3.1　本章概述

关于"设计空间"与"数字形态"的概念界定，在本书第 1 章中的 1.2 节已经详细说明，本书所研究的"数字形态设计空间"是一种将"设计形态"的实际设计问题转化为数字化的"设计变量"并将各变量以某种数字化的"规则系统"连接起来，进而构建实际设计形态问题的数字镜像"设计空间"。在设计空间中进行"数字形态"的方案探索的过程被称作"设计空间探索"，完成了方案探索，在对所产生的大量数字形态方案评选、优化以挑选出最优的数字形态方案的过程为"设计空间优化"，设计空间的"探索"与"优化"是设计空间的两个基本问题。与此同时，为了完成设计空间的两个基本问题，设计空间离不开使其发挥作用的功能要素，本书认为一个完整的设计空间具有三个基本要素，即"设计变量""规则系统""优化目标"，然而在某些情况的设计空间中，仅需要在方案创意阶段完成设计方案的"探索"任务，因此此类设计空间仅需前两个要素也可以完成工作，在本书后续章节的实践案例中不同类型的设计空间都会见到。本章的目的是为了后续三个章节的实践案例研究进行方法论的梳理与铺垫。

# 3.2　数字形态设计空间研究问题

数字形态设计空间具有两个基本的研究问题，一个是在方案创意阶段，主要目标是产出大量设计方案的"设计空间探索（Design Space Exploration，DSE）"；另一个是在方案完成阶段，用于进行设计评价与优化的"设计空间优化（Design Space Optimization，DSO）"。

## 3.2.1　设计空间探索

设计空间"探索"的过程是将实际设计问题通过"设计变量""规则系统"进行连接以构建设计空间探索设计方案。不同类型的设计空间"探索"过程，其在"设计变量"与"规则系统"上的侧重点不同。

如"第一自然"类别的"数字形态发生"，即"自然形态"，其设计空间的类别为"生成式设计空间"，主要发挥作用的因素是"设计变量"，正如前文所述，"形态发生"是基于形态的"本体论"以"自下而上"的方式进行"找形",而这种"自下而上"的特性正是体现在"设计变量"的获取上。如前文介绍的马岩松设计的"鱼缸",其设计变量是鱼在水中的运行轨迹,通过这些运行轨迹"自下而上"地"生成"了这个鱼缸的形态,换言之,这个鱼缸不是设计师设计的,而是鱼自己游出来的。

又如"第二自然"类别的"数字形态学",即"人工形态",其设计空间的类别为"计算式设计空间",其中对于设计方案探索主要发挥作用的因素是"规则系统",因为"形态学"是基于人对于形态的"认识论",以"自上而下"的"造形"过程产生,"规则系统"正是"认识论"与"自上而下"的体现。如前文介绍的"形状语法(Shape Grammar)"正是由设计师的主观决策与审美直觉共同作用,以一种代数逻辑思维,"自上而下"地"计算(Calculating)"出设计方案。

对于第三类形态,即"数字智慧形态",其是基于"智慧形态",或称之为"未来形态"的研究框架,既包含"自下而上"的"本体论"的"找形",又包含"自上而下"的"认识论"的"造形"。在设计空间的探索中,两种设计方案的探索途径均发挥作用。在本研究中,重点突出人机协同设计创新的优点,换言之就是"人负责做人擅长的工作,而机器负责做机器擅长的工作",强调人与机器进行协同创新的"控制论"关系。既是机器主要负责其擅长的自下而上的找形,如机器学习通过海量数据进行数据挖掘,提炼数据背后的隐式逻辑;又如通过训练神经网络,使其自动生成设计方案等。而人则通过直觉审美与主观决策,高效地对机器学习生成的设计方案进行评价;抑或是在机器学习生成的方案半成品的基础上加入自己的设计思维和对形态的主观理解,对机器生成的方案进行二次加工和完善等。

综上所述,设计空间探索的途径可以按照数字形态的类别分为三类:以"设计变量"为主的探索途径适用于"第一自然"形态的"生成式设计空间";以"规则系统"为主的探索途径适用于"第二自然"形态的"计算式设计空间";"第三自然"的"生成+计算"式设计空间,两个因素同样重要,且基于两种路径探索人机协同设计创新的工作模式与方法。

## 3.2.2　设计空间优化

完成了"设计空间探索",对于设计空间所产生的大量设计方案进行优化和评选的过程被称之为"设计空间优化"。同样,设计空间的"优化"也存在多种途径。

对于"第一自然"的"生成"式设计空间,其评价体系与优化原则往往为具有"功能、性能"等形态"本体论"属性的优化目标。如前文介绍的弗雷·奥托进行的自然形态"找形",以自然优化的力学及结构性能作为其实验的目标。在本研究的实践案例"人机工学座椅"项目中,其优化目标是基于座椅使用功能的使用者身体受力均匀的最佳座椅功能造型。

对于"第二自然"的"计算"式设计空间,其评价体系与优化原则往往为具有"视觉、审美、美学"等形态"认识论"属性的优化目标。美学优化问题的研究非常具有挑战,因为美学问题的设计空间非常庞大,且限制条件极少,而且美学问题的优化目标往往带有主观性,因此作者认为对于美学优化问题,往往要转化成其他可以进行客观量化的优化问题,在本书第 5 章的实践案例中,作者将"接受美学"问题转化为"视知觉"与"格式塔心理学"问题,制定量化优化目标进行多目标优化,从而达到设计预期。

对于"第三自然"的"生成 + 计算"式设计空间优化,与基于"数字智慧形态"的设计空间探索的核心问题相似,即强调人机协同设计创新的意义,发挥人与机器各自的优势,强调人与机器在协同工作中的关系,本质上是基于形态"控制论"属性的设计优化原则。例如本书第 6 章的"机器学习 + 手绘"人机协同设计研究中,在第一阶段,"机器学习"扮演主要角色,其运用 GAN 神经网络通过客观的数据集,基于数字形态的"本体论",以"自下而上"的方式生成设计空间;接下来的第二阶段,"手绘"成为主角,设计师以手绘的方式,通过自己的主观审美直觉与设计思维,在前者生成的设计空间的基础上,基于数字形态的"认识论",以"自上而下"的方式进行二次加工与迭代设计,填补前者的空白,完成设计空间的探索与优化。该项目整个工作流程是对数字智慧形态"控制论"意义所进行的探索。

# 3.3 数字形态设计空间研究框架

数字形态设计空间的研究框架如图 3-1 所示,在这个双钻模型中,设计空间的两个基本研究问题作为研究框架的两个基本组成部分,并作为研究结构的主线贯穿始终。其中"设计空间探索"是将"实际设计问题"翻译为"设计变量"与"规则系统"的组合,"设计空间探索"是"探索"设计方案的过程。通过"设计空间探索"得到大量的设计方案与设计可能性之后,

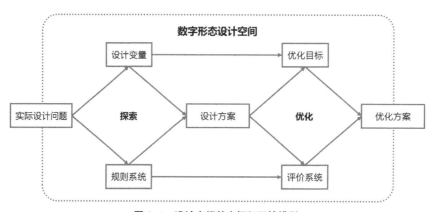

**图 3-1 设计空间基本框架双钻模型**

下一个基本组成单元是"设计空间优化",在前一阶段设计空间探索出的大量设计方案作为这一阶段的输入,进而通过"优化规则系统"即"评价系统",和在这一阶段构建的"优化目标"进行共同作用,从大量的设计方案中选择"优化方案"。

# 3.4 数字形态设计空间研究方法

本节内容是本章的核心内容,在第 2 章的 2.3.3 节中,作者对于现有的数字形态设计空间研究方法进行了一个大体和宏观的梳理,而在本节中,作者基于本书对于数字形态设计空间的研究与实践,进一步提炼数字形态设计空间的研究方法,并提出本书对于研究方法的创新点。

## 3.4.1 数字形态设计空间"探索"研究方法

本小节内容为数字形态设计空间"探索"研究方法的提炼,即图 3-1 中双钻模型的第一个组成部分,通过设计变量与规则系统的共同作用进行设计空间中设计方案的探索。根据研究对象"数字形态"的三个分类(即基于形态"本体论"的"数字形态发生";基于形态"认识论"的"数字形态学";以及,基于形态"控制论"的"数字智慧形态"),设计空间"探索"的研究方法与研究侧重点截然不同,下面根据这三个数字形态分类中的设计空间"探索"研究方法作逐一的阐述与提炼。

### 1. 基于形态"本体论"的"设计变量"的获取

"数字形态发生"是基于形态的"本体论",以"自下而上"的"找形"作为形态"自组织生成"的机制,本研究认为在"设计空间"的研究框架内与形态"本体论"属性具有直接关系的元素是"设计变量"。因此,获取真实物理世界的"设计变量"为"数字形态发生"生成式设计空间探索的核心方法。获取设计变量的方法种类多样,在接下来的研究中,本书探讨了三种在生成式设计空间中获取设计变量的方法。

1)"数字数据集"设计变量

第一种方法是使用最基础和最原始的"数字数据集"作为设计变量输入设计空间,数据集往往是以 Excel 表格的形式,存储一定量的数字数据,例如本书第 4 章中所使用的"自然科学数据变量"是从美国航天局网站下载的公开"数据集",其中包含大量近地彗星相关参数与数据，如公转周期、与黄道所成夹角等，所有的数据形式均为数字。数字数据集所记录的数据均是对于客观物理世界真实的记录，除了自然科学领域的数据集，任何在客观世界中发生的事件均可以被记录为数据集，例如一段时间的股票市场的涨跌、一段时间的降雨量、电视台的收视率等。通过这些反映客观真实世界的数据集作为设计变量，在生成式设计空间中制定合理的规则系统，生成与数据集类别相匹配的设计方案，对客观世界的真实问题在虚拟的设计空间中进行映射，通过数字形态生成式设计，反映客观世界的"本体论"，探索基于本体论的设计形态。

2）"图像、图形"设计变量

除了上文所介绍的数字数据集可以作为设计变量之外，图像及图形也可以作为设计变量输入进行设计空间探索。随着信息技术的飞速发展，数据的形式也从最初的数字数据的形式转变为多种多样的形式，图形数据就是这种新的数据形式，一张图片所带来的信息量远远大于纯粹的数字数据。在机器学习领域，图形数据的应用非常普遍，例如前文所介绍的"生成对抗网络"，其工作原理就是通过数万张图片的学习训练，使得神经网络获得生成新图片的能力。本书第4章所使用的"用户身体变量"中3D打印身体建筑学项目中的人体热成像图即为2D图像设计变量，个性化定制3D打印眼镜项目中的人脸特征模型即为3D图形设计变量。计算机可以直观地从这些图形变量中捕捉有效信息，例如使用Grasshopper中的"图像采样器（Image Sampler）"，可以快速高效地获取设计变量进行设计空间探索以及设计方案的迭代。此外，本研究中所应用的图形设计变量均来自于对于客观真实世界的影像捕捉，用图形、图像的方式记录客观世界的真实与本体论，并映射到设计空间的数字形态发生的机制中。

3）"实时测量"的"动态"设计变量

上述两种设计变量均为"静态"的设计变量，可以用文件的方式进行保存和复制。接下来所介绍的"实时测量"设计变量及其研究方法是本研究在"数字形态发生"生成式设计空间探索中的一个主要创新点。获取实时测量数据需要使用到一系列传感器与智能硬件工具，例如本书第4章的"用户行为变量"人机工程学座椅设计项目中使用Kinect体感摄像机获取实验参与者的坐姿行为动态数据，使用薄膜压力传感器获取人体与椅面之间的动态压力值数据，将这两组数据作为设计变量输入设计空间生成符合人体最舒适坐姿的座椅形态设计。再如本书第4章"用户身体变量"中的气动可穿戴设备设计项目中使用Pneuduino智能硬件获取人体脉动的实时数据，通过脉动数据的设计变量输入控制气动动态的交互设计输出。本研究项目采用此方法获取的实时数据均来自于实验参与者本人的真实数据，即这些实时测量数据反映客观世界的"本体论"，反映使用者与设计造物之间共同组成的自组织系统的自我逻辑，将实验参与者的行为数据映射到设计空间，将客观物理世界与虚拟的数字平行世界相互连接，生成满足使用者真实需求的数字形态设计方案。

## 2. 基于形态"认识论"的"规则系统"的制定

对于基于形态"认识论"的"数字形态学"及其所对应的"计算式设计空间",设计空间"规则系统"的制定为此类形态研究的核心方法。"规则系统"的制定是一个主观因素占主导的问题,是设计师、设计决策者在数字形态设计中"认识论"的体现。同样,规则系统的制定方法也是多样的,本书在接下来的研究中探讨了两种在计算式设计空间中制定规则系统的方法。

1）4D 设计规则系统

"4D 设计"被称为"时空建模（Spatial-Time Modeling）"或"基于时间的设计（Time-Based Design）",它不仅是一种动画创意设计方法,还是一种关注动态物体与动态环境共同表现的系统性、整体化的设计范式[110]。本研究基于 4D 设计的范式,应用动画软件中的动力学系统进行数字形态的方案探索,这一过程乍一看和数字形态发生中的"找形"很像,都是基于自组织生成的形态发生机制,但本质区别是数字形态发生的"找形"是基于客观物理世界中真实的力学环境,而 4D 设计中的动力学系统是由设计师人为定义的,因此其带有较多的设计师主观因素。4D 设计中只有一个设计变量,即时间,通过时间的变化,4D 动力学环境对初始形态进行力学作用与设计迭代,进而产生丰富的数字形态方案。

2）形状语法规则系统

前文多次提到的形状语法也是制定计算式设计空间规则系统的重要方法。这种以数学和审美直觉相结合的基于规则的设计方案,对于数字形态设计空间中规则系统的制定具有很大帮助。在本书第 5 章的"接受美学"数字设计展览项目中,应用形状语法的公式叠加探索"图设计子空间",进行数字雕塑形态方案的生成与迭代。

## 3. 基于形态"控制论"的"人机协同"设计创新

基于形态"控制论"的"数字智慧形态",一方面体现了生成与计算的叠加,另一方面体现了人与计算机的关系。计算机算法设计,尤其是应用机器学习基于大量数据进行训练的神经网络,其工作模式是"自下而上"的,基于数据与数据之间的底层逻辑关系,探索挖掘数据背后的隐式逻辑,进而学习该逻辑生成新的数据或设计方案。而设计师在整套工作流程中扮演的角色是在机器学习生成的方案的基础上进行二次加工,以自身的审美直觉与主观设计思维,将机器生成的设计方案进行再设计与再创作。本书第 6 章在基于数字智慧形态的"生成＋计算"式设计空间中,采用"机器学习＋人类智慧"的方式,探索人机协同设计创新的研究范式,这样的分工目的是为了让"机器学习"完成机器擅长的数据挖掘、逻辑搜索、特征预测等工作，而让"人类智慧"完成人所擅长的主观决策、审美直觉等工作，把一些繁重的、枯燥的重复性工作交给机器，为设计师节省出大量时间用于头脑风暴、设计思维等创造性工作。

# 3.4.2　数字形态设计空间"优化"研究方法

　　本小节内容为数字形态设计空间"优化"研究方法的提炼，即图 3-1 中双钻模型的第二个组成部分，通过优化目标与评价系统（即优化规则系统）的共同作用，对上一阶段设计空间探索所产生的大量设计方案进行优化与评选，最终选出最优设计。同样地，本节根据研究对象"数字形态"的三个分类（即基于形态"本体论"的"数字形态发生"；基于形态"认识论"的"数字形态学"；以及，基于形态"控制论"的"数字智慧形态"），三种类型设计空间"优化"的研究方法与研究侧重点也截然不同，下面根据这三个数字形态分类中的设计空间"优化"研究方法分别予以阐明与提炼。

## 1. 基于形态"本体论"的"功能、性能"优化

　　对于基于形态"本体论"的数字形态发生，其优化原则也应与其"本体论"属性保持一致，例如本书第 4 章的"用户行为变量"人机工程学座椅设计项目，其形态的来源是通过传感器捕捉和采集的用户行为数据与压力值数据，这两个设计变量反映的是用户的坐姿与用户身体与椅面之间的受力，此时，座椅椅面形态的"本体论"属性是该形态是否使用户的坐姿舒适？该形态是否使得用户身体与座椅椅面之间的受力均匀？换言之，数字形态发生的本体论属性在设计空间优化阶段体现为"功能、性能"的优化。

　　对于"功能、性能"优化问题，可以直接从数据层面进行考察，在本研究中，作者使用"数学解析优化"方法，对"功能、性能"优化问题进行分析，以评选最佳的设计方案。"数学解析优化"方法受"最小二乘法"的启发，最小二乘法我们在第 2 章的研究方法梳理内容中曾经提过，它是处理线性回归问题的基本方法。最小二乘法的一般步骤是首先构造目标函数，然后取该函数的导数，令其等于 0，求其极值点，其具体步骤为：①用设计变量和优化目标构造目标函数。②将设计空间的维数采用数学解析方法降为一维或二维。③求解目标函数在设计空间中的最小值，如果维数为二维，则采用求导数并令其等于 0 的方法；如果维数为一维，则得到一组标量，可直接排序获得最优解。

　　在本书第 4 章的人体工程学座椅设计项目中，作者采用数学解析优化的方法进行最终设计方案的优化和评选，作者将从实验中采集到的 110 行 6 列的压力传感器数据作为评价参数，进而对这 110 行 6 列的高维矩阵数据应用数学解析方法进行降维，降维后得到 110 个标量，进而可通过直接排序的方法得到最优解，找到最优设计方案。

## 2. 基于形态 "认识论" 的 "美学、视觉" 优化

基于形态 "认识论" 的 "数字形态学"，因其强调与形态相关的主观属性，适用于处理人工形态的 "美学、视觉" 优化问题，在设计空间优化阶段，其形态 "认识论" 属性体现在优化目标的制定上。与基于 "本体论" 的 "数字形态发生" 全部依靠自身的逻辑与 "自组织生成" 机制不同，"数字形态学" 则需要更多地依靠设计师作为设计主体的设计思维与主观决策，这一特征在设计空间探索阶段体现在 "探索规则系统" 的制定上，在设计空间优化阶段则体现在 "优化规则系统"，即 "优化目标" 的制定及拟合过程上。

数字形态学计算式设计空间优化过程大致分为两个步骤：①制定优化目标与设计评价规则系统，其中规则系统与优化目标的制定可以是完全主观的直觉思维，也可以是根据相关自然科学理论知识梳理后制定的客观的目标与规则，例如本书第 5 章中的 "接受美学" 数字雕塑展览设计项目便是基于 "接受美学" 的自然科学本质，从认知心理学、脑科学、信息论层面制定科学、客观、合理的设计空间优化规则系统与优化目标。②确定多个优化目标后，进行 "多目标优化"，通常使用遗传算法等循环迭代优化方法进行最优方案的搜索以拟合多个优化目标。

上述的循环迭代优化方法，其具体步骤是：①用优化目标和优化规则系统构造目标函数；②用聚类法划分设计子空间；③应用循环算法进行迭代优化，如遗传算法；④评价和寻找最优设计。我们将循环迭代优化方法应用到第 5 章的 "接受美学" 展览设计项目中，利用 "遗传算法" 来寻找如何在展览空间中放置九件物品的最佳方案。我们设定的优化目标是根据格式塔定律使项目的视觉感知结构符合理想的树分枝结构。经过反复优化，最终得到最佳设计方案，并应用于展览中。

## 3. 基于形态 "控制论" 的 "决策、评价" 问题

基于形态 "控制论" 的 "数字智慧形态" 具有本体论与认识论、客观与主观、生成与计算、功能与审美等多对双重属性。本研究中对于智慧形态的 "智慧" 性的理解，体现在其是自下而上的 "人工智慧" 与自上而下的 "人类智慧" 双重智慧的叠加。机器处理其擅长的数据挖掘等自下而上的问题，人则处理人类所擅长的主观决策等自上而下的问题。

数字智慧形态 "生成＋计算" 式设计空间的研究，其根本目的就是探索出一种全自动设计及评价的方法，因此在本书第 6 章中的 "机器学习＋评价" 项目中作者尝试让神经网络学会人类设计师对设计方案进行评价和打分的策略，利用人工神经网络（ANN）对 12 个特征值（设计变量）和预测值（分数）之间的隐式逻辑进行挖掘，进而学习数据背后的潜在规律，即所打分数与这 12 个设计变量之间的内在联系，进而对任意 12 个新的设计变量都能准确预

测出人类设计师所给的分数，实现让机器学习学会人类设计师的主观评价习惯，从而实现神经网络自动打分的功能。

# 3.5　数字形态设计空间研究工具

在本书第 2 章的 2.3.4 小节中，作者已经对数字形态设计空间现有研究工具作了一个较为全面的梳理。而在本节中，作者将基于本研究对于数字形态设计空间的研究与具体的实践案例，总结基于三类数字形态每一个形态类别所对应的设计空间的研究工具。

## 3.5.1　"生成"式设计空间研究工具

生成式设计空间，对应于"本体论"属性的"数字形态发生"，研究方法的侧重点是"设计变量的获取"。获取设计变量的工具很多，例如可以通过互联网数据库获取数据集文件，亦可以通过网络数据爬虫工具爬取互联网大数据。针对互联网数据集获取的相关资料及教程很多，这里不再赘述。

本节重点介绍如何通过传感器及智能硬件工具获取物理世界真实的设计变量，并与虚拟数字设计空间形成实时对接与交互的工具与方法。在本研究的实践案例设计研究中，软件工具使用的是基于 Rhino 平台的 Grasshopper 参数化设计软件，为其安装 Firefly 插件，便可实现 Grasshopper 与一系列传感器形成对接与交互的功能。在传感器及智能硬件的选择上，本研究使用的是 Kinect v2 体感捕捉摄像机采集用户行为变量，v2 版本的 Kinect 较第一代 Kinect 有了很多提升与进步，特别是它新增了坐姿捕捉功能，这项新功能为实现本研究中的基于坐姿生成座椅形态的研究项目提供了很大的支持。另一方面，本研究使用基于 Arduino 平台的 FSR 薄膜压力传感器采集压力值数据。在"气动可穿戴设备"项目中所使用的 Pneuduino 平台也是在 Arduino 硬件的基础上进行改装得到的。

## 3.5.2　"计算"式设计空间研究工具

计算式设计空间，对应于"认识论"属性的"数字形态学"，研究方法的侧重点是"规则系统的制定"。在本研究的"4D 设计"项目中，其动力学规则系统的构建是通过动画软件 Cinema 4D 实现的，主要使用了基于 Cinema 4D R21 的域力场功能，以及粒子动力学插件 X-Particle 和流体动力学插件 TurbulenceFD。在"接受美学"展览设计项目中，提供遗传算法和多目标优化的工具是基于 Grasshopper 的多目标优化插件 Octopus。

## 3.5.3　"生成 + 计算"式设计空间研究工具

　　"生成 + 计算"式设计空间，对应于"控制论"属性的"数字智慧形态"，研究方法的侧重点是"人机协同设计创新"，并采用"机器学习 + 人类智慧"的方式。这一部分的研究工具主要是三个项目所对应的三个不同的机器学习神经网络，它们分别是：用于图片直接生成的 DCGAN；用于成对图片内在逻辑学习，进而生成翻译图片的 Pix2Pix GAN；还有用于回归分析的 ANN。

# 3.6　数字形态设计空间研究内容

　　本节内容为对于接下来三章所进行的设计研究与实践应用所进行的前瞻与简介，结合上述数字形态设计空间的研究方法及相关内容，对接下来进行的具体实践研究进行重点剖析与创新点解读。接下来的三章内容，第 4 章为基于形态"本体论"属性的数字形态发生"生成"式设计空间研究，研究侧重点为"设计变量"的获取；第 5 章为基于形态"认识论"属性的数字形态学"计算"式设计空间研究，研究侧重点为"规则系统"的制定；第 6 章为基于形态"控制论"属性的数字智慧形态"生成 + 计算"式设计空间研究。

## 3.6.1　"数字形态发生"——"生成"式设计空间探索与优化

　　在数字形态发生"生成"式设计空间研究部分，对应于本书的第 4 章，研究内容的侧重点为围绕"设计变量"所展开的设计空间探索研究，以及围绕"功能、性能"优化问题所展开的设计空间优化研究。生成式"设计"空间研究中主要有三组项目：

　　第一组项目为基于"自然科学数据变量"的设计空间探索研究，包含一个基于 NASA 近地彗星运行数据集的生成式艺术装置设计。

　　第二组项目为基于"用户身体变量"的设计空间探索探究，包含三个具体的子项目，一个是以"人体热成像图"作为设计变量，从而控制 3D 打印服装上的花纹图样的生成式设计项目；第二个项目是以"人体脉动"作为实时动态的设计变量控制气动可穿戴设备上的气动结构动态的设计研究项目；第三个项目为基于用户人脸特征识别的个性化 3D 打印眼镜生成式设计项目。

　　最后，第三组项目为本章的重头戏，名为基于"用户行为变量"的 3D 打印人机工程学座椅设计项目，该项目进行 10 人的用户参与式设计实验，用 Kinect 及基于 Arduino 的压力传感器采集人体行为姿态及压力值数据，实时输入生成式设计空间，为实验参与者生成个性化的最舒适坐姿座椅形态。得到 110 组座椅形态方案以及与每个设计形态方案所对应的设计评价参数，进而对这 110 组设计评价参数进行降维等一系列数据结构处理，最终通过数学解析优化方法得到最优形态设计方案，使用机械臂 3D 打印技术将最佳座椅形态制作出来，完成用户评测。

## 3.6.2 "数字形态学"——"计算"式设计空间探索与优化

本小节主要内容为基于"认识论"属性的数字形态学，数字形态学也叫作数字人工形态，作者认为最能代表人工形态认识论的是艺术形态，因此这部分内容作者通过两个偏艺术性的设计研究案例进行具体的研究。第一个项目，是基于"4D 设计"规则系统的设计研究项目，采用 4D 设计方法进行规则系统的制定，进而在唯一的设计变量"时间"的进程中探索设计形态的更多可能性。

另一个项目，是这部分研究内容的重头戏，是基于"接受美学"规则系统的设计空间探索与优化设计项目。该研究首先探索审美问题背后的自然科学本质，通过文献综述，找出美学问题量化计算的自然科学原则，并将它们应用到设计空间探索中：①基于"图形—背景视知觉感知原理"找出划分设计子空间的边界条件，缩小设计空间的范围；②通过中轴变换（Medial Axis Transformation，MAT）模型构建"地—设计子空间"的优化规则系统；③通过香农信息（Shannon Information）视觉信息能量流动的动力学分析确定"地—设计子空间"的量化优化目标与评价参数。此外，作者在设计空间探索中还应用了专门研究具有认识论属性的"形态学（Morphology）"及"人工形态"的数字形态研究方法：①以"形状语法（Shape Grammar）"作为"图—设计子空间"设计空间探索的方法论，定义"正弦波函数"为该空间的规则系统，得到最优的雕塑展项造型；②以"优化算法—遗传算法"作为"地—设计子空间"设计空间探索的方法论，进行"多目标优化"计算设计，得到最优的展览布局。最后得出具有东方艺术接受美学精髓的数字艺术展览设计，并在中国国家博物馆进行展出。

计算式设计空间即是以"计算"为核心的设计空间，体现了形态的"认识论"属性。如前文所述，斯蒂尼教授认为"人类计算（Calculating）不等于计算机计算（Computing）"，及"人类计算等于设计"，因此该部分的设计空间被作者命名为"计算式设计空间（Calculative Design Space）"，体现人的主观意识以及主观决策等人类"自上而下"的设计思维的重要性。

## 3.6.3 "数字智慧形态"——"生成＋计算"式设计空间探索与优化

"数字智慧形态"体现了形态的"本体论"与"认识论"的双重属性，其对应的设计空间也具有"生成"和"计算"的双重特点，因此被命名为"生成＋计算"式设计空间，与此同时其"控制论"属性又使其具有"人工智慧＋人类智慧"的双重智慧。因此,数字智慧形态"生成＋计算"式设计空间可以充分利用其双重特性两方面的优点,建立人机协同创新设计的合作机制,让人发挥其擅长的"自上而下"的主观决策、审美直觉、设计思维等能力,而机器则发挥其擅长的"自下而上"的数据挖掘、特征预测等能力。

本书的第6章,对应于这一部分内容,采用"机器学习＋人类智慧"的研究方法,探索基于"控制论"的人与机器相互协同和交互的合作工作模式与方法。第一个项目是"机器学习＋手绘",即使用DCGAN基于有限汽车图片数据进行训练,生成具有不确定性的"模糊意象版",进而运用人手绘的直觉性设计思维对"模糊意象版"中的"未画空白"进行主观审美的"填补",从而高效地产出汽车设计形态方案。

第二个项目是"机器学习＋计算",使用Pix2Pix GAN对于成对数据进行训练,输入图像为左侧的不包含信息的黑白阴影图像,输出图像为右侧的包含大量计算信息(本例为太阳直射光照强度与光伏能量值)的彩色图形,测试神经网络能否准确地将两者从输入到输出进行准确的翻译。

第三个项目是"机器学习＋评价",即让机器学习人类设计师的主观评价策略,通过8位设计师对于80组每组12个不同设计参数的设计方案进行原创性打分,让神经网络学习这80组数据(参数＋分数),进而使得ANN神经网络获得8位设计师的打分喜好逻辑,进而对于新的12个设计变量可以预测出8位设计师会打的分数值。

# 3.7　本章小结

本章主要内容是对于数字形态设计空间概念的明确提出,以及研究方法的提炼。本章首先介绍数字形态设计空间的研究问题,分别为:设计空间探索与设计空间优化。进而对于数字形态设计空间研究框架加以阐释,以双钻模型的方式定义设计空间的工作流程以及每个步骤的具体细节说明。接下来进入本章重点,对于数字形态设计空间的研究方法进行提炼与阐明,分别为设计空间探索研究方法,以及设计空间优化研究方法,"探索与优化"各类别数字形态的研究侧重点各有不同:基于形态"本体论"的数字形态发生,其研究方法侧重点为对于"设计变量"的获取与研究,优化问题则更偏向于"功能、性能"优化;对于基于形态"认识论"属性的数字形态学,其研究方法侧重点为对于设计空间"规则系统"的制定,优化问题则偏向于"美学、视觉"优化;对于基于形态"控制论"属性的数字智慧形态,其研究侧重点为"人机协同创新设计",优化问题的研究重心则为对于决策、评价问题在人机协同语境下的思考。此外,本章对于数字形态设计空间的研究工具也进行了简要的介绍。最后,本章对于接下来4到6章中的核心问题进行了前瞻与导读。

第 **4** 章

数字形态发生"生成"式
设计空间案例研究

# 4.1 本章概述

本章主要内容是生成式设计空间探索与优化设计实践研究，正如前文所述，生成式设计空间适用于具有"自下而上（Bottom-Up）""自组织（Self-Organization）""生成（Becoming）"等属性的数字形态，即"数字形态发生（Morphogenesis）"。生成式设计空间探索的工作流程主要包括两个步骤：第一步是构建生成式设计空间的"规则系统"，第二步是"获取设计变量"。在这两个步骤中，更能发挥和体现"自组织"及"生成"特点的是第二步"设计变量的获取"，例如前文提到的马岩松的鱼缸项目，其"生成式设计（Generative design）"的特点便来源于设计师对鱼在水中运动轨迹的记录，将运动轨迹作为设计变量，生成了这个"鱼自己游出来的"鱼缸造型。因此，本章生成式设计空间的研究重点将着重围绕设计过程中的"获取设计变量"进行探讨。

本章首先在第 4.2 节，探讨生成式设计空间探索与优化方法的应用细节。接下来，通过三组具有不同设计变量特征的典型案例，将案例研究部分分为三个小节（4.3，4.4，4.5）作具体的介绍：4.3 节是基于"自然科学数据变量"的生成式设计空间"探索"实践案例研究，这是一个通过美国宇航局（NASA）网站的近地彗星数据集变量进行的数字艺术装置设计的探索与实践。4.4 节是基于"用户身体变量"的生成式设计空间"探索"实践案例研究，这一节包含三个设计实践案例：第一个案例是通过人体热成像数据集变量生成的3D 打印服装设计；第二个案例是通过人体"脉动"数据生成的可穿戴设备上的"气动动态效果"；第三个案例是一个"个性化定制"的"3D 打印"眼镜镜架的生成式设计案例，其设计变量的获取主要是通过用户面部特征识别，进而将用户面部的测量数据输入到生成式设计空间中。4.5 节是基于"用户行为变量"的生成式设计空间"探索与优化"实践案例研究，主要包含一个"形式追随行为"人机工学座椅设计案例，通过体感摄像和传感器技术，获取实验参与者舒适坐姿的行为变量，同时在生成式设计空间中实时生成与该坐姿相对应的座椅造型数字形态，再通过一系列数学解析优化方法探索和优化设计空间以找出最优的设计。

综上所述，生成式设计空间探索的核心问题是"设计变量的获取"，本章案例研究的重点和创新点也围绕这一问题展开。

# 4.2 生成式设计空间方法应用

生成式设计空间的研究对象是具有"生成式设计"属性的"数字形态发生（Morphogenesis）"，因此，生成式设计空间探索过程中的首要问题是尊重"自组织系统"的"自组织性"和"客观性"。设计师在这一过程中的主要工作是在"设计空间"之前，对于"生成式设计"的触发机制即"自组织规则系统"的构建。因此，构建生成式设计自组织规则系统即"生成式设计规则系统"，以及"获取客观的设计变量"。

本章研究内容围绕"设计变量"展开，进行了三组设计实践案例研究：

第一组案例是基于"自然科学数据变量"的设计空间"探索"研究，"设计变量"来源于美国航天局（NASA）网站的数据集，通过数字数据集驱动设计空间生成数字形态设计方案。

第二组案例是基于"用户身体变量"的设计空间"探索"研究，其中包含三个研究项目："3D打印身体建筑学"项目是通过"人体热成像图"作为设计变量控制3D打印服装的参数化纹理形态；"气动可穿戴设备"项目是通过实时测量的"人体脉动"数据作为设计变量，控制气动动态效果；"3D打印定制化眼镜"项目是通过人脸识别技术对用户面部特征进行3D扫描并建模，以人脸面部的19个特征点作为设计变量，并依照眼镜行业的镜架设计标准制定规则系统，生成功能与审美兼具的眼镜形态。

第三组案例为本章重点，即基于"用户行为变量"的设计空间"探索与优化"研究，该项目为基于"形式服从行为"理念的用户参与式人机工程学座椅设计。"设计变量"来源于基于Kinect体感摄像机与基于Arduino压力传感器获取的人体坐姿行为数据以及人体与座椅椅面之间的压力值数据。通过10人（5位女性、5位男性）的用户参与式设计实验，以参与者最舒适坐姿生成相应的座椅形态，最终在设计空间中探索出110组座椅形态方案，每组形态方案对应6个压力值作为设计评价参数。在设计空间优化阶段，基于110组设计评价参数运用数学解析优化方法最终得到最佳座椅形态方案，并使用机械臂3D打印技术进行座椅原型制作，进行用户使用评测和回访。

本章围绕"设计变量"展开，以三种不同设计变量类型的设计实践案例对数字形态发生"生成"式设计空间进行实践研究。数字形态发生基于形态的本体论属性，以"设计变量获取"的研究方法进行"生成"式设计空间"探索"。在设计空间"优化"阶段，该设计空间因其本体论属性，适用于探讨"功能、性能"优化问题，本章使用数学解析法对设计评价参数进行分析，最终得到优化设计方案。

# 4.3 基于"自然科学数据变量"的设计空间"探索"实践案例

## 4.3.1 案例简介

自然科学数据变量是对于自然形态以及其发生机制的客观的观测结果,"数据驱动的设计(Data-Driven Design)"是以真实客观的数据作为输入变量,一方面,数字形态可以为数据集提供可视化的展示,通过数据可视化发现数据本身的内在逻辑与规律;另一方面,基于"数据"的生成式设计将数据集看成是一个自组织系统,该系统的"自我逻辑"全部以数据驱动的生成式设计"自下而上"地体现出来。

本案例 [1] 基于"美国宇航局(NASA)"的近地彗星数据作为"设计变量"以"元球(Metaball)"和"柏林噪声(Perlin Noise)"作为设计空间的"规则系统"进行"生成式设计空间"的探索研究。本案例来源于作者 2018 年夏天参与的"清华大学参数化研修班",课程主题是"算法艺术,从数据到事物(Algorithmic Art,from Data to Matter)",课程导师是来自 Perez Reiter [111] 设计事务所的迭戈·佩雷斯 – 埃斯皮蒂亚(Diego Perez-Espitia)。

## 4.3.2 设计变量

本研究的"设计变量"来源于"美国宇航局(NASA)"发布的 160 颗近地彗星的运动轨迹数据集 [112]。NASA 追踪了大约 15000 个近地天体,所谓"近地天体"即距离太阳小于 1.3 个天文单位(AU)[2] 的太阳系小行星,在这 15000 颗天体中,有 160 颗是彗星,这个数据集提供了这 160 颗彗星的轨道数据。作者根据数据集中的变量信息,在参数化设计软件 Grasshopper 中将太阳、地球、黄道以及 160 颗彗星进行了建模,并在参数化设计程序中构建了天体的运动与实时的位置关系。

---

① 版权声明:本案例来源于作者在 2018 年参与的"清华大学参数化研修班"。

② 天文单位:英文缩写为 AU,也作 au、a.u 或 ua,是天文学上的长度单位,曾以地球与太阳的平均距离定义。2012 年 8 月,国际天文学大会决议将天文单位固定为 149597870700m。

## 4.3.3 规则系统

完成了数据集中所描绘的天体几何模型的数字形态建模，以及天体系统中的天体运动模拟，及各天体之间的动态位置关系的构建，我们得到了一个呈周期性变化的天体运动自组织形态发生系统。接下来我们想通过这个基础几何体动态系统，进行更复杂的视觉化设计，于是作者以 160 个动态彗星模型为基准，进行数字视觉设计的迭代探索，主要应用两个视觉化设计算法："元球"与"柏林噪声"算法。

### 1. 元球

元球是一种等值曲面（Iso surface），即在空间中的每一个坐标点都设定一个值，这个值人为定义，可以是能量、压力、温度、速度等，一个等值曲面所包含的每一个点，其设定的值是相同的。因此，如果在数字建模软件中用网格面（Mesh）来表示这个数值，就会在空间中形成一个连续的几何体，空间内相邻的等值曲面会连在一起，形成奇妙的形态。

以本案例中的三维元球为例，元球的数学定义表现为 $n$ 个元球函数之和，其中每一个元球函数具有一个"阈值（Threshold）"，元球函数之和需小于等于所有函数的阈值之和，换言之这个定义是确保函数 $x$、$y$、$z$ 的三个变量，即元球空间模型每个点的三个坐标值均在"等值曲面"上，其数学定义表达式见公式（4-1）：

$$\sum_{i=0}^{n} metaball_i\,(\,x,\ y,\ z\,) \leqslant threshold \qquad (4\text{-}1)$$

元球模型的典型函数，其中（$x_0$, $y_0$, $z_0$）为元球模型球体的中心，见公式（4-2）：

$$f\,(\,x,\ y,\ z\,) = \frac{1}{(\,x\text{-}x_0\,)^2 + (\,y\text{-}y_0\,)^2 + (\,z\text{-}z_0\,)^2} \qquad (4\text{-}2)$$

本案例所应用的第一个"规则系统"便是元球算法，首先在 Grasshopper 中为 160 个彗星中的每一个点设定一个变量值，如果变量值设定得一样，则基于"彗星点"所形成的球体半径一样，如果 160 个彗星点每个变量值均不同，则会形成球体半径具有差异的元球模型。如果手动设置这 160 个点的变量值，工程量巨大，且手动调节 160 个变量的做法对于数字形态设计的意义不大，因此，作者选定 NASA 数据集中的 $P$ 值（轨道周期）作为 160 个彗星点的变量值。这样既可以得到 160 个随机变量，同时元球模型中每个彗星点球体的半径差异又可以反映出彗星数据中轨道周期的真实差异。进而，通过输入变量，得到基于"元球"算法的规则系统的数字形态模型。

## 2. 柏林噪声

本案例的设计目标是一个用于参加展览的装置艺术作品，因此形态方案需要一些动感和丰富性。因此，作者又在元球模型的每一层的边缘添加了"柏林噪声"算法。柏林噪声是肯·柏林（Ken Perlin）发明的用以模拟自然界各种褶皱形态的数字生成算法[113]。柏林噪声不仅可以用来模拟自然界中的噪声现象，还被广泛应用于计算机图形学、数字成像技术等相关研究领域。由于其函数图像的连续性，如果将二维坐标系中的噪声函数其中的一个坐标轴作为时间轴，得到的就是一个连续变化的一维函数。同样地，也可以得到连续变化的二维图像。柏林噪声可以用来模拟海浪的自然潮汐变化、人流的随机运动、蚂蚁行进的线路等。另外，还可以通过计算分形和模拟云朵、火焰等非常复杂的自然形态效果[114]。柏林噪声对各个点的计算是相互独立的，因此非常适合使用图形处理器（GPU）进行计算[115]。

本案例中在元球模型的每一层横截面上截取 150 个分段，进而重新构建横截面的边缘线，使其具有"锯齿状"的形式，运用柏林噪声，使得锯齿呈现随机的无规律变化的造型。

## 4.3.4　设计空间探索

基于上述的"规则系统"与"设计变量"的组合应用，我们完成了设计空间的构建，接下来通过调节模型的参数，进行设计空间探索，即数字形态方案的探索。在设计空间规则系统中，作者设定的参数为地球绕太阳旋转一周的周期，同时这一参数也作为"柏林噪声"的随机种子变量控制噪声形态的变化。因此，在地球绕太阳旋转一周的过程中，160 颗彗星同时会形成不同的运动与位移，进而基于"元球"与"柏林噪声"所构建的数字形态会实时发生变化（图 4-1）。

## 4.3.5　设计结果

作者通过手动调节参数，在设计空间中寻找最佳形态，最终从大量形态方案中选出了最终方案。应用多层木板材质与激光切割完成了最终方案的实体模型制作（图 4-2）。

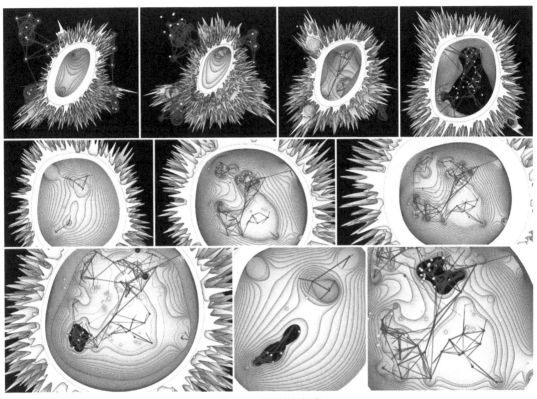

图 4-1　设计空间探索

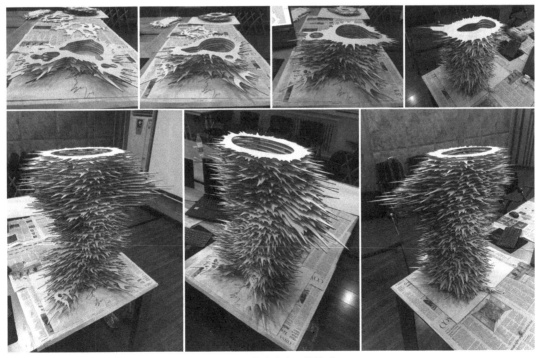

图 4-2　最终方案实体模型

# 4.4 基于"用户身体变量"的设计空间"探索"实践案例

## 4.4.1 案例简介

用户身体变量来源于用户的身体形态特征或生理参数。本案例中包含三个设计实践项目①,它们的共同特点是设计变量均来源于用户的身体,第一个项目"3D 打印身体建筑学"设计变量来源于"人体热成像图";第二个项目"气动可穿戴设备",其设计变量来源于人体的"脉动";第三个项目"3D 打印定制化眼镜",其设计变量来源于对于用户进行的"人脸识别"。通过输入"设计变量",进而与"生成式设计空间"中的"规则系统"形成有效的"形态发生"机制,生成设计形态方案。

## 4.4.2 设计空间探索

### 1. 3D 打印身体建筑学

"3D 打印身体建筑学(3D-Printed Body Architecture)"项目是作者在 2017 年参加的同济大学"数字未来(Digital Future)"工作营中的实践课程,课程导师是来自"南加州大学(USC)"的时尚设计师贝纳兹·法拉希(Behnaz Farahi)和著名的数字设计理论家尼尔·里奇(Neil Leach)。"3D 打印身体建筑学"这个名称的含义是:建筑师为"衣服、鞋子、食物、座椅"等人体尺度的或与人体相关的 3D 打印设计进行探索。虽然这个名称本身是一个新的词汇,但它建立在现有的传统之上,即数字设计与 3D 打印数字建造技术,建立在传统工艺与设计范式之上,以及建立在探索人体和建筑之间关系的长期的历史之上 [116]。

本案例中的"规则系统"是确定上衣服饰的大致轮廓后,在其曲面上用"沃洛诺伊图"制作单元构件,并铺满全部上衣曲面形态,Voronoi 单体之间用圆环进行连接,并且单体的大小可以通过设计变量进行调节。"设计变量"作者选用的是"人体运动热成像图",即将"人体热成像图"载入 Grasshopper 中的"图像采样器(Image Sampler)",从而

---

① 版权声明:本案例中前两个项目"3D 打印身体建筑学""气动可穿戴设备"来源于作者于 2017、2018 年参与的"同济大学数字未来(Digital Future)工作营"。

控制衣服上单元体的大小和排列规则，使得衣服单元的疏密适应人体的活动规律，让衣服单元的大小与排列顺序达到一个令使用者最为舒适的范围。此外，Voronoi 单元的疏密形态可以让人体特征可视化，同时还可以通过单元密度来微妙地调整衣服对身体的遮挡关系（图 4-3）。

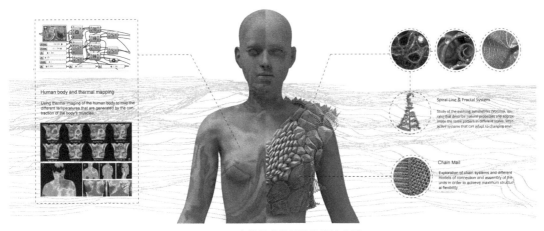

图 4-3　以人体热成像图作为设计变量

同时，在"规则系统"中根据人体工程学中的关节运动角度范围，精确地调控每个单元螺旋线的高度，以至于螺旋线高度不会给人体的运动带来干涉。在 Grasshopper 中编写"吸引子（Attractor）"程序，将人体手臂运动轨迹作为"吸引点"或"吸引线"并在设计空间中考虑人机工程学的尺度，以控制所有螺旋线的局部高度（图 4-4）。参数化模型中的螺旋线和单元构件的形态来源于自然界的分形系统，自然之物正是通过外界环境的干扰和影响，并基于自身的生长算法来适应周遭环境和反映自身体态特征。

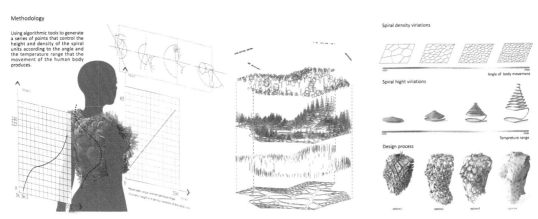

图 4-4　人机工程学设计思考

　　这是一款定制化并且免装配的衣服，衣服本身有着单元体与单元体之间的圆环连接结构，所有装配和连接过程全部在"生成式设计空间"中完成。3D 打印的成品是一次成型的，作者还研究了不同类型的锁链结构单元体之间的灵活程度，最终决定使用圆环连接结构以实现结构的最大灵活性。在进行 3D 打印时，可以按照衣服"叠起来"的形态进行打印，打印完成以后再将衣服展开，我们选用尼龙材质 SLS 工艺，打印好的衣服犹如一块柔软的布料，可以舒适地贴合人的身体（图 4-5、图 4-6）。

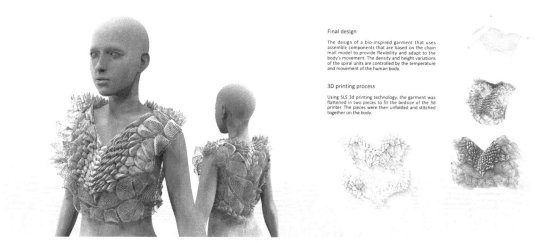

图 4-5　最终方案效果图

图 4-6　最终方案 3D 打印实体模型

## 2. 气动可穿戴设备

"气动可穿戴设备（Pneumatic Wearables）"项目是作者在2018年参加的同济大学"数字未来（Digital Future）"工作营中的实践课程，课程导师是来自"南加州大学（USC）"的时尚设计师贝纳兹·法拉希和来自"麻省理工学院媒体实验室（MIT Media Lab）"的欧冀飞。

不可变形的气动部件已广泛应用于气垫和运动装备设计中，而在此课程中，我学习的是如何创建"可变形与可编程"的气动可穿戴设备。在整个课程中，我们了解了"气动技术"的原理，并进一步设计了自己的"气动装置"；使用TPU织物和热压技术，进行快速的迭代设计。课程中所使用的气动控制系统为"媒体实验室"所发开的Pneuduino平台，与刚性驱动相比，气动系统重量轻，可以提供适应性更强的形态。在课程中，我们学习了"阀门、管件、气动逻辑控制"等气动元件与相关知识。通过进一步探索学习，我们也了解了气动技术的优点以及局限性。

通过算法设计，我们尝试了各种动态模式和形态逻辑，以建立生成式设计空间的"规则系统"，如L-system的生长、细胞结构（如Voronoi）、折叠结构（如植物弯曲及折纸结构）等。我们还试图了解人体的基本结构（如静脉和肌肉系统），以使用启动技术模拟人体基本结构的形态和行为。在课程项目中，我们被要求通过使用气动系统技术平台Pneuduino，以"人体增强（Body Augmentation）"理念探讨功能、情感以及社会方面的设计问题。项目中需包含一个交互场景，并使用多传感器技术。

在本案例中，"规则系统"为由气动驱动的模拟可变形植物叶片张开与闭合的动态效果，该方案的灵感来源于含羞草的形态与行为。如图4-7所示，我们进行了"充气袋（Air Bag）"的外观形态与内部结构的方案探索，以获得我们预期的气动开合动态效果。

完成了"气动叶片"的造型与结构设计，接下来我们对服装的整体造型进行设计与制作，服装的基础面料形态由小组内专业的服装设计师进行设计，作者负责设计服装面料上的"数字形态"花纹，在Grasshopper中使用生成"自由3D曲面与等高线"的规则系统生成基础面料上的花纹。最后，我们使用激光切割将面料造形及其上花纹制作出来，进而拼接起来完成服装基本形态实物的制作（图4-8）。

最后，我们将"叶片"安装到服装的基础面料上（图4-9），最终的服装形态上铺满了可以气动开合的叶片，该方案的"设计变量"是使用者的"心跳脉动"，利用传感器实时测量使用者的脉动，进而将脉动数据通过Processing输入给气动控制系统Pneuduino，进而使得衣服上叶片开合的频率与使用者的脉动频率一致，气动叶片的动态效果实时反映使用者的生理状态。

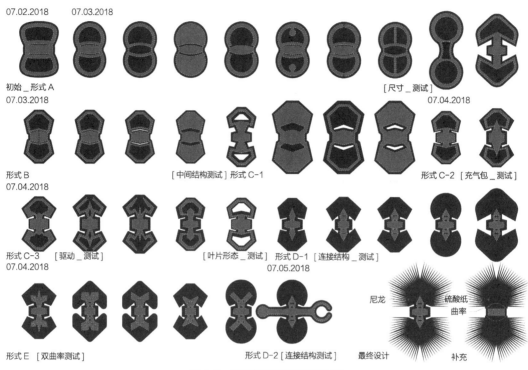

07.02.2018    07.03.2018

初始_形式A
07.03.2018

[尺寸_测试]
07.04.2018

形式B
07.04.2018

[中间结构测试] 形式C-1

形式C-2 [充气包_测试]

形式C-3    [驱动_测试]
07.04.2018

[叶片形态_测试] 形式D-1 [连接结构_测试]
07.05.2018

尼龙    硫酸纸
曲率

形式E    [双曲率测试]

形式D-2 [连接结构测试]

最终设计    补充

**图4-7 充气袋方案设计空间探索**

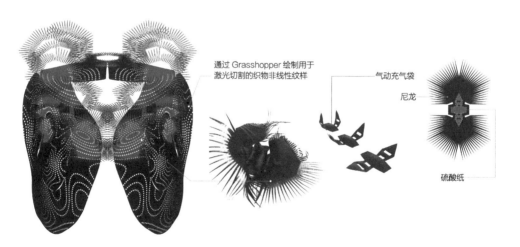

通过 Grasshopper 绘制用于
激光切割的织物非线性纹样

气动充气袋

尼龙

硫酸纸

**图4-8 服装整体形态设计**

## 3. 3D 打印定制化眼镜

本案例是运用数字形态设计的方法，设计一款 3D 打印定制化眼镜。要求其形态能够良好地贴合用户面部细节特征，长时间佩戴不会引起不适，此外，还能够满足使用者的审美需求。本研究与做人脸识别的机构合作，应用其技术提取人脸面部特征参数，即"设计变量"是用

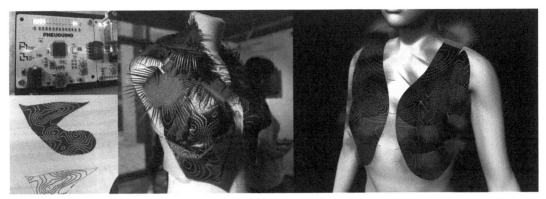

图 4-9　方案最终效果与实物

户人脸识别数据。进而，将设计变量与眼镜相关设计参数形成关联，构建规则系统及生成式设计空间，将用户面部模型输入到设计空间中，生成个性化定制眼镜模型。

　　表 4-1 中所列信息为本案例设计空间构建所遵循的"规则系统"，其构建原则来源于经验丰富的眼镜设计从业者总结的眼镜设计的行业规范，规则系统中尽述了眼镜形态与人面部特征（穴位）的几何关系。使用参数化设计软件 Grasshopper 将数字模型按照规则系统搭建起来，预留设计变量接口，即人脸识别数据中的面部特征点的位置信息。

　　图 4-10 所示为人脸识别技术所记录的用户面部模型，并且标注了面部 19 个特征点，这19 个点就是本案例的"设计变量"，使用 Grasshopper 的 Crow[117] 人工智能神经网络插件，运用 SOM 聚类算法使网格面的控制点向 19 个面部特征点汇聚，从而得到镜架设计的基础模型。进而运用 Grasshopper 的 Tsplines 插件，根据表 4-1 中的镜架设计"规则系统"对上一步所生成的镜架基础模型进行进一步的细节深化，图 4-11 和图 4-12 所示为参数化设计程序对于眼镜镜架模型细节的调整。最终通过"生成式设计空间"的迭代程序，完成数字形态模型的生成，并使用 3D 打印技术制作眼镜实体。

镜架设计规则系统　　　　　　　　　　　　　　　　　　　　　　　　表4-1

| 镜架组成 | 镜架参数 | 相关参数 | 原则 |
|---|---|---|---|
| 镜框 | 镜框总宽度 | 颞距 | 同颞距相等，佩戴后两侧不夹不松，太阳穴无压痕 |
| | 镜圈大小 | 颧骨宽 | 镜圈外侧基本与颧骨同宽，脸部修饰 |
| | | 瞳孔光学中心位置 | 镜圈几何中心与瞳孔光学中心基本一致 |
| | 镜圈位置 | 下眼睑 | 水平中线同下眼睑重合 |
| | | 眉毛绝对高度 | 镜圈上沿不盖住眉毛 |
| | | 眼睛位置 | 基本处于镜圈左右对称处 |
| | 镜圈厚度 | 镜片厚度 | 基本包住镜片边缘 |

续表

| 镜架组成 | 镜架参数 | 相关参数 | 原则 |
|---|---|---|---|
| 镜框 | 中梁宽度 | 镜框设计比例 | 基本保持镜框原比例，美观需要 |
| | | 镜圈中心、瞳孔光学中心 | 为使镜圈中心与瞳孔光学中心尽量重合，需调整中梁宽度 |
| | 镜眼距 | 眉骨高度、颧骨高度 | 在 8~12mm 间，微调镜眼距，使镜框不与皮肤接触 |
| | 镜面倾斜角 | 眉骨高度、颧骨高度、耳位 | 在 8°~15° 之间，使镜框不与皮肤接触、视轴垂直穿过镜片光学中心 |
| | 身腿倾斜角 | 耳位、鼻托中心位置、下眼睑 | 原则上同镜面倾斜角数值上相等，如遇特殊耳位，可调整两边身腿倾斜角，使得视轴能够垂直穿过镜片光学中心 |
| | 镜圈曲面弯度 | 负镜片前表面弯度、正镜片后表面弯度 | 如镜片不一致，以弯度较平的弯度为准 |
| | 镜槽 | 镜圈前曲面弯度 | 一致 |
| 鼻托 | 鼻托位置 | 下眼睑 | 鼻托中心点比下眼睑低 2mm，做水平线，落于鼻上 |
| | 各角度 | 鼻子各角度 | 完全贴合 |
| 镜腿 | 外长角 | 颞距 | 90°~95° 之间，微调外长角，使佩戴后两侧不夹不松，太阳穴无压痕 |
| | 弯点长 | 耳位 | 镜腿弯点同耳屏点在垂直面相吻合 |

图 4-10  基于面部特征识别生成眼镜基础形态

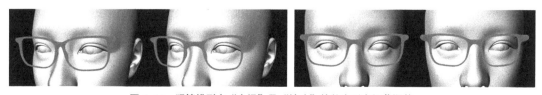

图 4-11  眼镜模型中"中梁"及"桩头"的数字形态细节调整

图4-12 眼镜模型中"鼻托"的数字形态细节调整

### 4.4.3 案例研究总结

本节中的"用户身体变量"为三种不同数据类型的设计变量:"3D 打印身体建筑学"项目中的设计变量"人体热成像图"为二维图像数据;"气动可穿戴设备"项目中的设计变量"人体脉动测量值"为一组模拟信号;"3D 打印定制化眼镜"项目中的设计变量为"人脸特征识别"所生成的 19 个三维点坐标值。虽然它们的数据类型各不相同,但是它们都是人体生理特征及状态的真实反映,这些设计变量具有一个共同的特征,即它们都是基于"用户身体"的"本体论"属性。这正是数字形态发生基于形态"本体论"属性的特点,通过获取与设计研究问题及形态"本体论"属性密切相关的设计变量,"自下而上"地以"自组织生成"的形态发生机制进行找形,探索功能主义的设计形态,践行形式服从功能的工业设计原则。

## 4.5 基于"用户行为变量"的设计空间"探索与优化"实践案例

### 4.5.1 案例简介

本案例以生成式设计空间及其在工业产品设计中的应用为主要内容,以人体工程学座椅为主要设计研究载体,进行设计实验研究,探索基于"形式服从行为"的个性化设计理念的生成式工业产品设计流程和设计空间探索方法[118]。本案例研究路径主要集中和聚焦在设计空间基本框架的两个重要组成部分:"设计空间规则系统的构建"和"设计变量的获取"。首先,通过设计空间探索（DSE）将实际设计问题转化为数学关系，完成"变量关系"和"变量获取接口"的设计，以构建生成式设计空间规则系统。利用参数化设计软件（Grasshopper）及传感器硬件工具（Kinect、Arduino、FSR 压力传感器等）进行 10 名实验参与者的用户参与式设计实验，完成用户"行为变量"的获取，及在设计空间中每组变量相对应的座椅形态方案的生成。通过实验，得到 110 组用户数据及其对应的 110 个座椅形态方案，即具有 110 组方案及用户行为数据的设计空间。通过每个形态方案相对应的 6 个压力值数据，构建量化评价体系，对该设计空间生成的 110 个座椅形态方案进行定量优化评价，设定的优化目标为：人体髋部区域的 6 个压力值，即三对与坐姿健康相关的关节（骶髂关节、股骨头、坐骨节点）与座椅之间的压力值最小且均匀，最终，从 110 组座椅形态方案中评选出最佳的设计方案，从而进行后续的 3D 打印实体原型制作及用户使用测试和回访。

## 4.5.2　研究问题

### 1. 形式服从行为

本研究的目的是希望通过本案例的设计实践研究，践行基于生成式设计思维的新的数字设计理念"形式服从行为"。相比于路易斯·沙利文（Louis Henri Sullivan）提出的现代主义设计原则"形式服从功能[119]"，"形式服从行为[120]"体现出两个重要的转变。

首先，"形式服从行为"理念体现了"从造物到某事[121]"的转变。现代主义、功能主义的设计原则虽然提出"设计的目的是人而不是产品[122]"，但仍然是基于器物层面探索人与物的关系、人与泛义机器的关系，如柯布西耶（Le Corbusier）提出的"建筑是居住的机器"，以及他的一系列理想主义的建筑设计、城市规划构想，均是出于某种类似于工程设计的器物层面的设计思维[15]。而"形式服从行为"的设计原则则体现了基于"用户使用过程"的"设计事理学[121]"设计思维。图 4-13 所示是中国古代象形文字"坐"，文字的形象代表了其最本源的含义：两个人坐在土堆上，这也是我们华夏祖先对"坐"这一行为的理解，不需要任何类似座椅的人工造物，只要有人和土地，"坐"这个事情、这个行为就可以发生。本研究使用一系列传感器与智能工具，捕捉使用者的坐姿与行为设计变量，在生成式设计空间中实时生成满足使用者行为的座椅形态设计，将"形式服从行为"理念付诸实践。

其次，"形式服从行为"理念体现了在后工业时代，用户对于产品设计需求的变化，即从功能主义、批量化生产的标准化、大众化的"大众需求"转变为定制化、个体化的"个性化需求"。现代主义的工业产品是为了满足大部分人的"共同需求"，这种"大众需求"往往是这一大众群体的"平均需求"，针对于某一个个体而言，这种"平均需求"可能是他的"最低需求"。后工业时代，工业产品不再依赖于大规模、大批量的生产模式，取而代之的是小批量、

图 4-13 坐字的文脉 [123]

定制化的生产技术。工业设计的标准化、功能主义的范式也在逐渐转变为个性化、人本主义的趋势。随着数字设计与数字制造技术的发展，例如 3D 打印技术，使得定制化的设计与制造成为新的主流，本研究使用机械臂 3D 打印技术，可以快速完成座椅设计原型的实物制作，以便完成后续的用户使用评测和反馈。

基于"形式服从行为"的设计创新往往能够带来极具创意的设计形态，例如"马鞍椅 [124]"便是其中的典型代表，设计师通过研究使用者的坐姿，发现当人体的脊柱与股骨、股骨与胫骨同时成 135° 角时，脊柱所承受的身体压力最小，此时的坐姿是符合人体工程学的舒适和健康的坐姿，因此基于使用者的这个健康坐姿，马鞍椅的形态设计应运而出了（图 4-14）。

图 4-14 马鞍椅

戈克哈尔（Gokhale）女士创立了健康坐姿矫正的 Gokhale 方法 [125]（Gokhale Method），同时她也设计开发了一系列帮助使用者矫正坐姿的产品，她的产品中没有具体的座椅，以辅助性的软垫或可穿戴的护垫为主，这些产品的设计灵感均来自对于使用者姿态的考虑。如图 4-15 所示，是她在 TED 演讲中提到的一个例子，图中有两个骑马的人，一个人挺直后背，而另一个人则弯着背，她让大家想象如果这两个人都长着尾巴，哪一种坐姿更舒适？

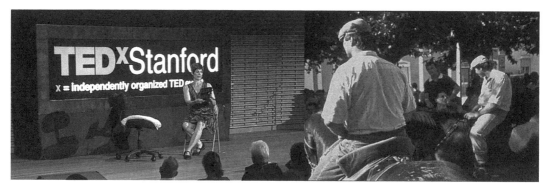

图 4-15　戈克哈尔方法

显然左边挺直身体的人坐姿会更舒适，右边弯着背的人如果有尾巴一定已经坐在自己的尾巴上了。戈克哈尔通过这一分析得出的结论是，我们人类最健康的坐姿来源于我们史前祖先"长着尾巴的猴子"，虽然她的这一结论尚未有严谨的科学依据，但她对于坐姿行为的联想是富有创造性的，对本案例中"形式追随行为"的设计思维研究非常具有启发性 [126]。而且，本案例实验中的使用者舒适坐姿用户行为数据的采集方式也使用了戈克哈尔方法，我们提供了五张标准化座椅，虽然具有五个可变选项，但仍然无法满足所有实验参与者对于"舒适就座"的需求，因此我们向实验参与者提供了坐垫和枕头，他们可以使用这些辅助道具结合戈克哈尔方法在标准化座椅上找到自己最舒适的就座方式。

## 2. 设计变量的获取

近年来生成式设计和数字技术在工业设计中变得越来越重要 [127, 128]。伴随着传感器技术和智能硬件的发展与进步，更多的人体工程学和人体测量技术渗透到生成式工业产品设计研究中 [129, 130]。本案例使用微软 Kinect v2 体感摄像机采集实验参与者最舒适坐姿的姿势与行为数据，使用基于 Arduino Uno 平台的 FSR 薄膜压力传感器采集实验参与者臀部与坐姿健康密切相关的三对关节点的压力值数据。进而，我们将这些用智能工具所采集到的用户数据输入到设计空间中作为设计变量，进行后续的设计空间探索研究。

1）姿态捕捉

微软 Kinect 体感摄像机应用于人机工程学家具的设计研究已久 [131]。国际人机工程学协会（IEA）基于健康的坐姿为不同应用场景的人机工程学家具制定了不同的设计标准 [132, 133]。ActiveErgo 项目便是根据 IEA 标准，使用 Kinect 体感摄像机对家具使用者进行实时的姿态捕捉，为不同用户制定个性化的人机工程学家具设计 [134]。Kinect v2 体感摄像机具有站立和坐姿两种模式，可以精确测量实验参与者的坐姿细节数据，为本案例用户坐姿数据的获取提供了关键的技术支持。

2）压力传感

基于 Arduino 平台以及不同的传感器设备对于人体工程学座椅的设计研究也有大量相关工作[135, 136]。数字艺术家张周捷为项目 Sensor Chair 配备了压力敏感感应系统，并通过用户交互将自组织生成式设计的座椅数字形态可视化[137]。赫曼·米勒（Herman Miller）公司通过研究使用者身体与座椅椅面接触压力的分布来制定人机工程学座椅的设计规范[138]。李（Li）等人[139]在座椅上安装了基于 Arduino 平台的压力和超声波传感器，用于基于人体工程学的坐姿校正。除了固定在椅子上的传感器外，带有传感器的可穿戴设备已广泛应用于人体工程学设计中[140~143]。在我们的研究中，我们采用了可穿戴的压力传感器，这可以为实验参与者提供更多坐的方式的选择，比如根据喜好挑选实验座椅，以及在实验过程中更换实验座椅和坐姿，甚至可以不使用座椅直接坐在地上，以便从他们的自然坐姿中产生更具创新性的座椅造型方案，进而扩展设计空间。

## 3. 量化设计评价

基于统计学和数学量化设计评估方法对于本案例也具有重要意义[130]。量化评估方法可以以一种客观科学的方法从设计空间中选出最优方案。本案例通过生成式设计空间的探索和用户参与式设计实验，最终得到一个具有 110 组方案并包含相应的 110 组用于评估的压力数据的设计空间，作者针对该设计空间制定人体工程学的量化评价体系，对 110 行 6 列的多维矩阵进行数据的简化和降维处理，最终评选出了最佳座椅表面数字形态用于 3D 打印原型制造。

## 4.5.3　设计空间探索与优化

### 1. 规则系统的构建

"设计空间探索（Design Space Exploration，DSE）"允许设计者将设计问题转化为设计空间中的不同变量，通过变量的更新迭代进行设计空间的扩展与探索，最终通过量化优化评估，得到理想的设计。本研究使用参数化设计软件作为"设计空间规则系统"的构建工具，参数化设计平台为"设计空间探索"提供了良好的功能模块及技术支持。"设计空间规则系统"的架构包括两个基本部分："变量之间的算法逻辑关系"和"设计变量的获取接口"，在参数化设计软件中，这两个步骤可以被称为"参数关系"和"参数接口"[144]。在本研究中，我们计划使用微软的 Kinect v2 体感相机捕捉人体骨骼轨迹的 25 个点的空间位置参数，同时计划使用基于 Arduino Uno 的 FSR 薄膜压力传感器获取人体 6 个部位的压力值数据，如图 4-16 所示。因此，我们需要在规则系统中预留获取上述数据的设计变量接口，在 Grasshopper 软

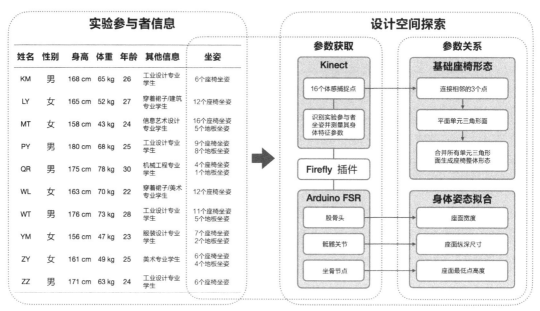

图4-16 设计空间框架

件程序中,设计变量接口可以先由"数字滑杆(Slider)"或"信息面板(Panel)"代替。

我们通过 Firefly 制作上述设计变量的输入端口,并同时根据设计变量的属性构建变量之间的算法逻辑关系(图4-16)。在"生成式设计空间"中,将由 Kinect 采集的16个人体骨骼追踪点(图4-17)中的每3个相邻点连接起来生成"基础座椅表面"模型,将相邻3个点连接的目的是为了得到单元三角形平面,以减少后续工作会出现的误差。Kinect 骨骼轨迹

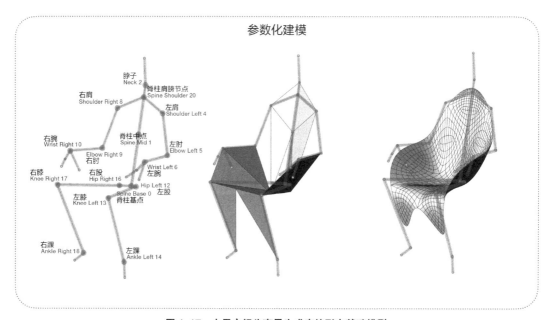

图4-17 由用户行为变量生成座椅形态基础模型

的 16 个点可以完整地描绘人体的行为与姿态，点关节的类型和 ID 分别为：Spine Base 0，Spine Mid 1，Neck 2，Shoulder Left 4，Elbow Left 5，Wrist Left 6，Shoulder Right 8，Elbow Right 9，Wrist Right 10，Hip Left 12，Knee Left 13，Ankle Left 14，Hip Right 16，Knee Right 17，Ankle Right 18，Spine Shoulder 20。

Kinect 人体骨骼追踪所采集的人体姿态数据，只能代表一个抽象的人体骨骼姿态，而不能反映出身形特征细节以及身体与座椅之间的受力情况。因此，我们应用基于 Arduino 平台的 FSR 压力传感器来采集人体髋部与座椅之间的压力值，将压力值数据作为设计变量控制"基础座椅表面"与使用者髋部接触局部座椅面的形态。具体的操作是，在参数化软件 Grasshopper 中，使用插件 Firefly 的 Arduino Uno 模块获取 6 个压力数据（$A_0 \sim A_5$），进而应用这 6 个设计变量来做座椅和臀部接触面板的局部形态的细节调整和迭代设计（见图 4-16）。此外，这 6 个压力值数据在后续的"设计空间量化评估"环节将作为"评估参数"的来源，对本研究有着至关重要的作用。

至此，我们初步完成了设计空间规则系统的构建，并在规则系统的参数化算法逻辑架构中预留了 Kinect 和 Arduino 压力传感器的数据采集接口。下面将通过用户参与式设计实验获取用户行为数据，即设计变量。

## 2. 实验系统设计

在完成了"规则系统的构建"后，我们得到了尚未输入设计变量的设计空间规则系统，下一步将从真实世界中获取使用者"行为变量"，从而使得生成式规则系统得以运行和工作。首先，我们考虑了如何以适当的方式使用 Arduino 工作组件和 6 个压力传感器。从 4.5.2 小节的相关工作回顾来看，很多设计研究学者倾向于把压力传感器放在实验座椅上，或固定在实验座椅表面上。在我们的研究中，我们希望实验参与者有多个不同座椅的选择，而不是仅仅坐在一个固定的实验座椅上进行数据收集。在我们的实验方案中，我们期望实验参与者不仅有更多的座椅选择，而且还可以坐在任何地方，例如地面上，从而获得更具创造性的坐姿以及相对应的生成式座椅设计形态。此外，FSR 薄膜压力传感器由轻质薄膜材质制作，具有重量轻、易携带的优点，便于贴附和穿戴在实验参与者身上。因此，我们设计了一个可穿戴的压力检测装置，如图 4-18（a）所示，它是由髋关节保护垫改装而成的。根据与坐姿相关的髋关节骨骼结构，我们将 6 个压力传感器连接到 3 组对称的髋关节重要骨骼关节点，即股骨头（$A_0$，$A_1$）、骶髂关节（$A_2$，$A_3$）、坐骨结节（$A_4$，$A_5$）。这三组关节的压力值是人体工程学椅子设计的重要参考，许多与坐姿相关的疾病都是由于这些关节的不健康使用引起的，如坐骨神经痛、骶髂关节炎、髋关节痛、股骨头坏死等，同时这三个关节也是人体坐姿的重要设计节点。如图 4-16 所示，我们在生成式设计空间中，定义了与这三组变量相对应的三种

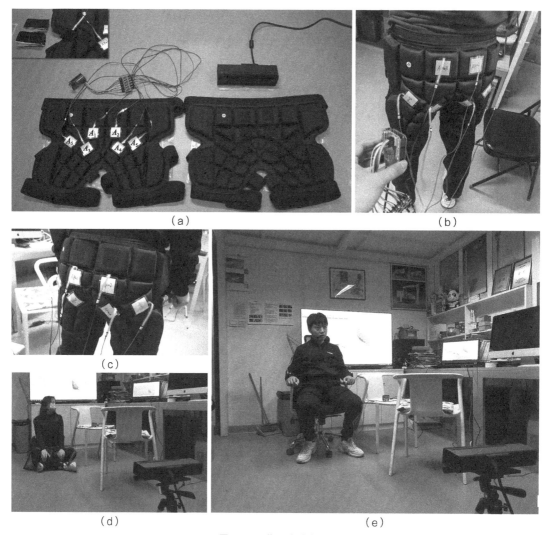

图 4-18　物理实验空间

基本坐姿板的参数化模型变换：第一，股骨头压力变量（$A_0$ 和 $A_1$）控制坐姿面的宽度，因为
股骨头位于人体两侧，此外，这两点上的力也位于"臀力[①]"分布的边缘。第二，座椅的前后
深度由骶髂关节（$A_2$ 和 $A_3$）的压力变量控制，因为它们是脊柱和股骨之间的重要连接点，主
要影响人体在座椅上的前后运动。第三，坐骨结节的压力变量控制着坐骨结节局部座板的垂
直高度，该局部座板是与坐骨结节接触的两个三角形板。这 6 个压力变量在 Kinect 动态捕捉
身体骨骼的基础上，增加了与座椅接触面的身体厚度。我们使用 Arduino Uno 和 Firefly 插
件在 Grasshopper 中收集并获取这些压力变量值，如图 4-18（b）所示，同时使用魔术贴

---

① 臀力是指人的臀部与座椅坐垫之间接触面的压力分布，它对人体的坐姿健康以及对座椅的舒适性设计有着重要的影响。

和 3M 胶将 FSR 压力传感器固定在髋关节保护垫上，保护垫上的格子可以帮助我们更容易地定位髋关节坐姿的相关骨骼关节点。为了适合不同身高和体重的人，我们提供了 M 和 XL 两种尺寸规格的髋部护垫。此外，我们还可以通过粘贴更多的魔术贴来调整压力传感器的位置，以适应不同的人的体形（图 4-18a）。

　　在获得可穿戴压力传感护垫后，下一步是布置数据采集实验空间。如图 4-18（e）所示，我们有一个 3m×3m 的实验区域，我们在实验区域的正前方放置 Kinect v2 体感摄像头。我们在 Kinect 摄像头前 2m 处标记了一个 0.6m×0.6m 的座椅测试区域，用于放置被试座椅。我们在实验区域周围放置了不同类型的椅子，其中包括：人体工程学办公椅、中式圈椅、带扶手的塑料椅、无扶手的非折叠椅和无扶手的折叠椅。我们让实验参与者穿上压力传感护垫，让他们选择自己认为最舒适的椅子，放在座椅测试区域，面向 Kinect 摄像头就座，并可以在实验过程中更换其他椅子。根据我们的预测试，当人体正坐面对 Kinect 摄像头时，测试数据最稳定。我们为实验参与者提供了一些柔软的靠垫和抱枕，让他们坐在椅子上时可以使用"戈克哈尔方法"利用倚靠垫子的方式来调节坐姿使自己感觉更舒适。此外，他们还可以选择放弃椅子，把垫子放在地上，直接坐在地板上。我们的实验计划是捕捉实验参与者在测试区域内至少 5 种最舒适的坐姿，并在生成式设计空间中实时生成与该坐姿相对应的座椅表面数字形态，同时将 6 个压力变量值记录在 Excel 表格中用于后续的量化评估。

## 3. 实验实施过程

　　我们邀请了 10 名实验参与者，其中包括 5 名女性和 5 名男性。根据上述实验设计方案，我们进行了人体工程学座椅设计实验的实施，并通过视频录制记录了整个实验过程。在确定了测试区域和 Kinect 摄像头的位置后，我们帮助实验参与者根据自己的身材尺寸佩戴可穿戴压力感应设备，并让他们从准备好的五张座椅中选择自己认为最舒适的座椅。在参与者中，有两位女士穿着裙子，我们认为这是一个很好的机会来采集穿着裙子的人最舒适坐姿的数据，并为她们生成相应的座椅形态。我们的可穿戴压力传感护垫有三套搭扣，分别是腰部、腹股沟和膝盖附近的搭扣。当穿裙子的人戴上护垫时，我们只捆绑腰部和膝盖附近的搭扣，这对数据采集结果没有影响，因为穿裙子的人的动作已经受到裙子的限制。

　　实验开始时，我们要求实验参与者以最舒适的方式就座，并不断地改变不同的坐姿、更换不同的座椅，或席地而坐等，以使身体达到最舒适的状态。在实验过程中，每位参与者平均更换了两到三张不同的座椅，6 名参与者为我们提供了地面坐姿。所有实时信息包括生成的座椅表面数字形态模型、Kinect 动捕骨骼和压力变量值都显示在 Grasshopper 中并被我们记录下来。我们在实验中不断与实验参与者聊天，询问他们当前的坐姿是否舒适。一旦确定了舒适的坐姿,我们就在 Rhino 中导出 Kinect 人体姿态骨骼和座面数字模型,并通过插件 Lunchbox 的 Excel Writer 组件在 Excel 中记录变量值。Excel 表格中的变量,包括压力值 $A_0$ 到 $A_5$ 及其"期望值(Expectation,E)""标准差(Standard Deviation,SD)"和"公差(Tolerance,T)",这些参数将用于随后的量化评估,具体的内容将在下面的设计空间量化评估部分进行详细介绍。

## 4. 设计空间量化评估

通过实验,我们得到了一个具有 110 组座椅形态方案的设计空间,如图 4-19 所示。然而,定性的视觉观察并不能帮助我们决定哪个座椅表面最舒适、最符合人体工程学。因此,我们设计了一个定量评价方法,主要是针对每个方案所对应的 6 个 Arduino 压力变量值进行进一步的统计分析。6 个压力变量值的作用不仅是控制人体关节所对应的基础座椅面上的 6 个三角形面板,而且是本案例中座椅设计的人体工程学量化评价原则的重要参考。一把优秀的人体工程学座椅,当使用者坐在上面时,压力分布应该是均匀的,就像一张床,可以平滑、均匀地抵消使用者的体重和身体压力。如果身体某一部位的受力远远大于其他部位,就不会让使用者感到舒服。因此,本研究的第一个量化评价指标是六个压力数据的离散度,即数学上的方差。为了简化计算,我们在研究中使用了"标准差(SD)",即"方差"的平方根,见公式(4-4)。

$$\bar{x} = \frac{x_1 + x_2 + \cdots + x_n}{n} = \frac{\sum_{i=1}^{n} x_i}{n} \qquad (4\text{-}3)$$

$$SD = \sqrt{\frac{1}{n} \sum_{i=0}^{n} (x_i - \bar{x})^2} \qquad (4\text{-}4)$$

"标准差"用来描述 6 个随机变量的离散度,即 6 个压力传感器所采集的压力值是否均匀。另一方面,在实验中有可能出现如下情况,三组数据中的一组可能比另外两组的平均值高得多,但每组的两个成对数据是保持平衡的,没有过大的差异。例如,受试者身体前倾,没有紧贴椅背倚靠等,这些坐姿可能会对坐骨节点施加比其他两个关节更大的压力,因此坐骨节点所受到的压力平均值要大于另外两对关节所受压力的平均值,但此时的坐姿并没有出现倾斜等不健康的情况,坐骨节点两个点所受压力仍然是均匀的,因此三组成对的关节中每组成对数据是否平均也应该纳入考虑因素。为了了解对称关节的传感器的两个成对压力值是否平均,我们还引入了"公差(T)"的参考参数,即三组两个成对压力值之差的绝对值之和,见公式(4-5)。"公差"用于评估三组成对关节所受压力是否平衡,以及判断实验参与者的坐姿是否左右倾斜。

$$T = |A_0 - A_1| + |A_2 - A_3| + |A_4 - A_5| \qquad (4\text{-}5)$$

至此，我们得到了与设计空间中 110 个座椅形态方案相对应的 110 组数据，如图 4-19 所示，包括 6 个压力值 $A_0$~$A_5$ 以及"期望值（Expectation）""标准差（Standard Deviation）"和"公差（Tolerance）"，这是一个 110 行 9 列的多维矩阵。然而，我们可以根据这些数据对 110 个方案中的每个方案进行 9 个特征值的纵向比较，但不能在不同方案之间进行横向比较。如图 4-19 中的折线图显示，不同体形、体重的人对传感器施加的压力不同，从几十到几百不等，因此在这 10 个人之间，以及 110 组方案之间，还没有确立一个统一的"度量衡"。例如，在我们的实验中，女性参与者 LY 的体重远小于男性参与者 KM，从前者的"LY02 号坐姿"测得的 $A_0$~$A_5$ 的压力值分别为 39、34、29、22、30、27，后者的"KM03 号坐姿"的数据 $A_0$~$A_5$ 分别为 235、179、129、161、135、125。两组的"期望值（E）"分别为 E_LY02=30 和 E_KM03=160，其中，LY02 数据中 A2 端口测得的压力值为 YL02_A2=29，与 LY02 的"期望值"E_LY02 之间的差值为 30-29=1；KM03 数据中 A3 端口测得的压力值为 KM03_A3=161，与 KM03 的"期望值"E_KM03 的差值为 161-160=1。这两个压力数据与各自的"期望值"具有相同的差值，但我们不能说它们有相同的标准差，因为它们有不同的"期望"，换言之，不同的权重和量纲。

因此，在横向比较之前，我们应该统一"度量标准"。我们应用统计学中"相对标准差（Relative Standard Deviation，RSD）"和"相对平均偏差（Relative Mean Deviation，RMD）"的数学概念，分别统一了"标准差"和"公差"的度量。"相对标准差（RSD）"用于描述多个具有不同"期望"的集合，它的值是"标准差（SD）"除以"期望"所得到的商，"标准差"与"期望"之比是对"期望值"单位化、归一化的处理，消除了每组数据中不同"期望值"的影响，如公式（4-6）所示。

$$RSD = \frac{SD}{\bar{x}} = \frac{\sqrt{\frac{1}{n}\sum_{i=1}^{n}(x_i-\bar{x})^2}}{\bar{x}} \qquad (4\text{-}6)$$

同理，"相对平均偏差（RMD）"是基于公差消除每对数据之间平均差影响的值，是对两个成对数据的平均值进行归一化处理。通过推导简化，公式如下：

$$\bar{A} = \frac{A_i+A_{i+1}}{2}，(i = 0，2，4；A_i > 0) \qquad (4\text{-}7)$$

$$RMD = \frac{A_i-\bar{A}}{\bar{A}} = \frac{|A_i - A_{i+1}|}{A_i + A_{i+1}} \qquad (4\text{-}8)$$

最后，我们将"相对标准差（RSD）"和"相对平均偏差（RMD）"的值相加得到"评估参数（Evaluation，E）"，进而将"评估参数（E）"从小到大排序，得到 110 组数据的评价结果，如图 4-20 所示。

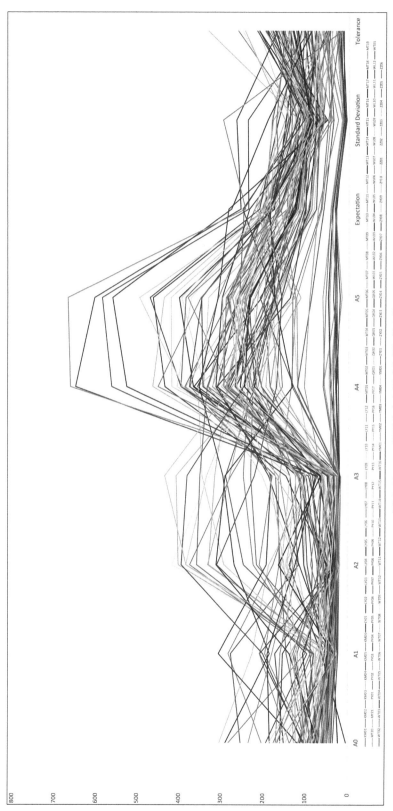

图 4-19  110 组形态方案所对应的评价参数

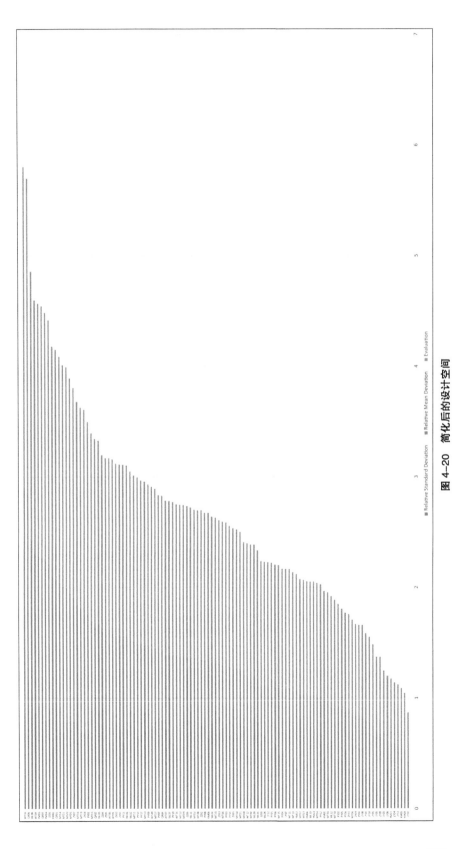

**图 4-20  简化后的设计空间**

　　"评估参数（E）"的数学推导过程，不仅完成了量纲的统一，还完成了数据结构的简化和"降维"，即从一个 110 行 9 列的复杂的高维矩阵降维到可以直接用来排序的标量，在图中的排序中，"评估参数（E）"的数值越小，排名越靠前。"评估参数（E）"是"相对标准差（RSD）"与"相对平均偏差（RMD）"之和，"相对标准差（RSD）"的数值越小，则说明 6 个压力传感器所测得的压力数值越平均，离散程度越低；另一方面，"相对平均偏差（RMD）"的数值越小则说明 3 对成对数据中每组的两个数值偏差越小，被试者的坐姿更端正。本研究设定的优化目标是以上两种情况满足其中一个即可，因此"评价参数（E）"采用了将两个参数（RSD 与 RMD）相加求和的方式。

　　表 4-2 显示了 110 个方案的总排名表格中排名前 7 位的数据。同时，我们从总排名表中提取了极大值与极小值以及四分位数，用以对总体数据进行进一步分析，如表 4-3 所示。四分位数将数据分为 4 个子列表，范围分别为列表 1：Min 到 Q1，列表 2：Q1 到 Q2，列表 3：Q2 到 Q3，列表 4：Q3 到 Max。

110个设计方案评价得分总排名中前7位数据　　　　表4-2

| 名称 | $A_0$ | $A_1$ | $A_2$ | $A_3$ | $A_4$ | $A_5$ | 期望 | SD | RSD | RMD | 评价分数 |
|---|---|---|---|---|---|---|---|---|---|---|---|
| LY02 | 39 | 34 | 29 | 22 | 30 | 27 | 30.17 | 5.33 | 0.18 | 0.26 | 0.44 |
| KM03 | 235 | 179 | 129 | 161 | 135 | 125 | 160.67 | 38.29 | 0.24 | 0.28 | 0.52 |
| KM05 | 254 | 277 | 116 | 137 | 226 | 178 | 198.00 | 59.17 | 0.30 | 0.26 | 0.54 |
| LY11 | 42 | 45 | 31 | 22 | 60 | 54 | 42.33 | 12.90 | 0.30 | 0.26 | 0.56 |
| ZY04 | 35 | 23 | 26 | 34 | 36 | 31 | 30.83 | 4.81 | 0.16 | 0.41 | 0.57 |
| YM01 | 48 | 43 | 30 | 20 | 42 | 48 | 38.50 | 10.23 | 0.27 | 0.32 | 0.59 |
| LY06 | 48 | 49 | 26 | 23 | 28 | 20 | 32.33 | 11.70 | 0.36 | 0.24 | 0.60 |

110个设计方案列表的最值与四分位数　　　　表4-3

| 名称 | | $A_0$ | $A_1$ | $A_2$ | $A_3$ | $A_4$ | $A_5$ | 期望 | SD | RSD | RMD | 评价分数 |
|---|---|---|---|---|---|---|---|---|---|---|---|---|
| Min | LY02 | 39 | 34 | 29 | 22 | 30 | 27 | 30.17 | 5.33 | 0.18 | 0.26 | 0.44 |
| Q1 | PY12 | 70 | 79 | 121 | 203 | 341 | 395 | 201.50 | 126.28 | 0.62 | 0.38 | 1.01 |
| Q2 | WT06 | 51 | 66 | 60 | 114 | 322 | 246 | 143.17 | 103.90 | 0.73 | 0.57 | 1.30 |
| Q3 | WL03 | 86 | 125 | 50 | 19 | 284 | 187 | 125.17 | 88.98 | 0.71 | 0.84 | 1.55 |
| Max | WT16 | 423 | 34 | 164 | 65 | 246 | 35 | 161.17 | 139.70 | 0.87 | 2.03 | 2.90 |

## 5. 设计空间探索与优化结果

在得到所有 110 组数据的排序表和四分位数表之后，我们进行了定量与定性相结合的设计结果分析。首先，我们想确定排名前 7 位的列表是否是设计的最佳选择区间。其次，我们还想知道 4 个四分位区间中的方案特征是什么，每个区间所对应的坐姿和座椅形态是否具有某种共同点或规律性？根据"评估参数（E）"的排名顺序，我们将实验过程中记录的每个座椅形态方案的图片导入到动画设计软件 Adobe Animate，并将帧速率调整为每帧 1s 以便于我们的定性观察，导出".swf"格式的视频动画。然后，通过反复观看动画，通过定性观察的方式找出每个四分位区间中的形态共性与规律，通过观察我们发现每个区间中都有自己典型的座椅形态和相对应的实验参与者的典型坐姿，该座椅形态方案及坐姿在该区间中出现的次数要明显多于其他类型。

如图 4-21 所示，第一区间（Min~Q1）的典型座椅表面形态看起来像卡通形象"派大星（Partrick Star）[①]"，它们具有清晰的"四肢"形状和笔挺的"腹部"。与之相对应的坐姿，其特点是四肢相对伸展，股骨与髋骨呈向下倾斜的角度，从实验过程中所记录的视频发现，参与者的臀部通常坐在测试座椅的前端，背部靠在椅背上。此时，受试者股骨与躯干、股骨与胫骨同时呈约 135° 的夹角，髋骨向前倾斜，脊柱自然伸展受力最小，这种坐姿与前文提到的"骑马式"坐姿颇为类似，这种坐姿已经被前人证明过是相对最为舒适和健康的人体工程学坐姿，而且是人体工程学座椅"马鞍椅"发明的"形式服从行为"的来源。

在第二区间（Q1~Q2）中，我们观察到了较多坐在地面上的姿势，这一结果表明坐在地板上的行为使得身体髋关节坐姿相关节点所受压力的均衡程度处于总排名的中上水平。地面坐姿是灵长类动物与生俱来的，是长期进化和自然优化的结果，因此该坐姿具有相对较高的排名也就不足为奇了。

在第三区间（Q2~Q3）中，典型坐姿是身体向后倾斜或以类似"葛优躺[②]"的姿态瘫坐在椅子上，即身体用力向后靠在椅背上，大腿平放在椅子上，虽然可以保持短时间的放松，但此时身体呈现较大仰角，背部及脊柱处于紧靠椅背的紧张状态。从压力测试的结果来看，这种看似舒适的姿势增加了髋关节 6 个被测量节点的压力，可以推测类似"葛优躺"式的坐姿或许可以获得短暂的舒适，但从身体受力的角度来看，长期保持这种坐姿会引起健康问题。

在排名较低的第四区间（Q3~Max）中，存在较多的不健康坐姿，如"跷二郎腿""斜倚着坐"等姿态，在这些情况下，身体姿势呈现不对称性，受力不均，这些不健康的坐姿对髋

---

① 派大星（英文名称：Patrick Star）是美国动画片《海绵宝宝》系列的主人公之一，其长相为憨态可掬的胖海星造型。
② "葛优躺"是指演员葛优在 1993 年情景喜剧《我爱我家》第 17、18 集里面的剧照姿势，是一种身体呈放松状态的半躺式坐姿。

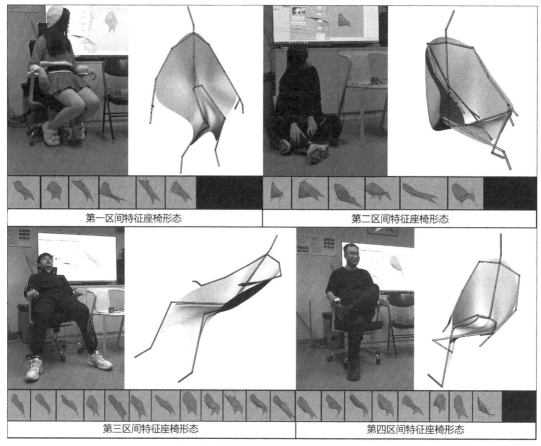

第一区间特征座椅形态　　　　　第二区间特征座椅形态

第三区间特征座椅形态　　　　　第四区间特征座椅形态

**图 4-21　四分位区间中的特征坐姿与特征座椅形态**

骨和脊柱都存在一定的危害。

　　通过以上四分位区间的分析，可以验证我们的量化评价体系以及最终"评估参数（E）"排名的合理性。同时，我们所选的总排名前 7 位列表是最优解所在的"最优解设计子空间"。

　　最终，借助定量分析和定性观察等辅助手段，选择排名第二的座椅数字形态方案"KM03"作为 3D 打印实体原型制作的最终设计方案，相比于排名第一的"LY02"的"派大星"造型，"KM03"的造型相对中庸，其座椅形态可以适用于更多的使用者坐姿，所以它更适合作为实体原型及用户使用评测。通过观察实验过程中记录的视频截图，我们注意到 KM03 和 KM05 以及 KM04 在一段连续时间内被记录，参与者以放松的坐姿坐在人体工学测试座椅上并以极放松的状态旋转身体和椅子，如图 4-22 所示。我们认为座椅的旋转可能产生向心力，将参与者的身体推向座椅的椅面，从而使被试者身体的所有部位都在这一运动过程中受到均匀的压力，这种受力的均衡也反映在压力值面板中。因此，此时生成式设计空间中所生成的座椅

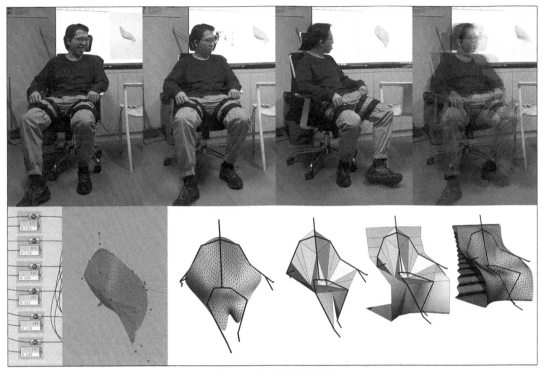

图 4-22　座椅形态最佳方案

形态或许是人体工程学座椅设计方案的最佳选择。

　　接下来，我们利用 Rhino 的 SubD 多边形建模组件和网格优化插件 Weaverbird 对 "KM03"方案形态进行了细节建模与网格优化，例如在椅背与地面结构连接处添加锯齿褶皱 以形成用以加强结构力学性能的"等效壁厚"等，从而确保座椅的结构稳定性和 3D 打印制 造的可实施性，如图 4-23 所示，我们使用机械臂 3D 打印技术（热挤出技术）制作 1 ：1 实体座椅，整个数字制造过程仅耗时 6h。机械臂 3D 打印技术，除了快速成型、制作的椅子 表面精美、数字模型的造型细节还原度高等优点外，它还具有无毒、无污染、材料可回收二 次利用的可持续性优点，该技术非常适合数字设计原型的快速制造。

　　最后，我们得到了如图 4-23 所示的 3D 打印座椅，并与创建 KM03 坐姿椅的被试者 KM 等几位实验参与者进行了用户使用评测。我们用带有 3M 背胶的魔术贴把压力传感器贴 在椅子表面对应人体髋关节 6 个与坐姿相关的节点位置。我们让被试者坐在椅子上，压力传 感器实时记录被试者身体与座椅面之间的压力值，测得的压力值分布均匀，即证明了我们设 计实验结果的成功。评测实验结束后，我们又对几位实验参与者进行访谈，询问座椅的舒适性、 人机工程学使用体验，得到了肯定的答案。

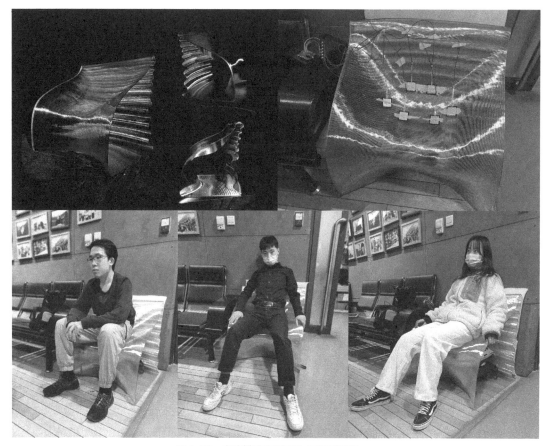

图 4-23　座椅最终方案实物与使用评测

## 4.5.4　案例研究结论

### 1. 生成式设计空间探索方法

正如前文所述,"设计空间"基本框架中的三个要素为:规则系统、设计变量、优化目标。本案例也是按照该体系的三要素框架进行探索与研究的。本案例的核心内容是第4.5.3节的"设计空间探索",在本节中完成了以下三个重要工作。

1)规则系统

第一部分是本案例研究的"基础问题",即构造设计空间的"规则系统",即文中提到的"规则系统的构建",利用参数化软件 Grasshopper 建立"基础座椅表面"参数化模型,并在程序中预留设计变量的采集输入端口。

2）设计变量

第二部分是本案例研究的"重要问题"及本研究的第一个"创新点"，即"设计变量"的获取，在前文中使用"实验系统设计"和"实验实施过程"两个段落进行了详细介绍。本研究创造性地提出"形式追随行为"设计理念，进行了用户参与式用户行为变量采集实验，使用 Kinect 体感摄像机与基于 Arduino 平台的 FSR 薄膜压力传感器从真实的物理世界获取使用者坐姿的"行为变量"，并同时将这些"行为变量"实时输入到"生成式设计空间"中，与"基础座椅表面"参数化模型建立连接，为其注入实时的、动态的"用户行为测量数据"，从而进行"生成式设计空间探索"为设计空间拓展更多的设计方案。

3）优化目标

第三部分是本案例研究的"核心问题"及本研究的第二个"创新点"，即"优化（评价）目标""量化评估体系"的构建，在文中的标题为"设计空间量化评估"。通过上述两个阶段的操作，为本案例的设计空间探索得到 110 个座椅形态设计方案，如何从这 110 个方案中选出最优方案是"设计空间探索"的核心问题，用肉眼观察挑选出"那张最漂亮的椅子"的做法显然是不可取的，因为我们的目标是得到一把具有设计形态功能的人机工程学座椅，而不是一把看上去造型漂亮的椅子。因此，我们需要找到与这 110 个形态方案相关联的"量化评估参数"，其实在我们上一步的"设计变量的获取"过程中，这些"量化评估参数"已经得到，即生成每个座椅形态方案时由 Arduino 压力传感器获取的 6 个压力变量值，它们不仅是控制参数化模型的迭代设计参数，而且是用来评价被试者髋部 6 个关节点受力是否均匀的人体工程学性能评价参数，换言之这 6 个压力数据具有"设计参数"与"评价参数"的双重功能和属性。进而，我们基于这 6 个参数进行统计学分析，引入"相对标准差（RSD）"及"相对平均偏差（RMD）"将 110 行 6 列的多维矩阵降维到可以直接排序求解的标量："评估参数（E）"，在进行数据结构简化和降维的同时，还为由 10 名被试者产生的 110 组数据统一了"量纲"。

## 2. 本案例研究的其他学术贡献

除了上文总结的本案例研究关于"生成式设计空间探索"的主要研究结论与创新点，本案例研究还有如下对于"参数化设计""设计思维""优化设计"等领域的知识贡献。

1）扩展"参数化设计"的定义与方法

本研究使用参数化设计软件作为生成式设计的研究工具，因此，本研究在实践和扩展"生成式设计空间"定义的同时，同样也是在拓展参数化设计的定义。本研究认为，参数化设计的工作流程可以分为两个部分，这两个部分也是参数化设计定义的两个基本部分：即"参数关系的建立"和"参数的获取"。第一部分，利用参数化设计平台，将设计问题转化为设计变量（参数），定义设计变量（参数）的取值范围，构建参数化关系，即生成式设计空间规则系统，得到相应的参数化基础座椅数字模型。第二部分，我们使用 Kinect 智能体感相机，以及基于 Arduino 平台的 FSR 压力传感器的可穿戴设备，进行 10 名被试者的多传感器用户行为参数驱动的设计实验，完成参数的获取，进而进行后续的生成式设计空间探索与优化。

2）"形式服从行为"设计范式

用户行为变量获取，即个性化数据的获取为个性化、定制化设计提供了可能。在我们的案例中，使用 Kinect 体感摄像机来捕捉被试者细微的姿势和行为变化，并使用带有压力传感器的可穿戴设备来检测髋部 6 个关节点的压力值，我们的目标是实现一种不仅是数据驱动的设计模式，而且是一种"形式服从行为或姿态"的设计范式。特别是压力变量值获取可穿戴装置的使用，使实验参与者能够更自由地活动，不仅为参与者提供了多种座椅选择，还使参与者能够形成更多创造性的坐姿，如坐在地上等。

3）量化设计评价方法

在本案例研究中，通过设计空间探索得到了 110 个形态方案，及与之相对应的 110 组基于压力传感器获取的压力值数据，压力值数据是这 110 个形态方案的人机工程学性能评价参数。我们运用数学、统计学定量分析方法，挖掘数据的规律，以寻找可量化的优化目标。利用统计学标准差（SD）、相对标准差（RSD）和相对平均偏差（RMD）等概念，对具有复杂数据结构的高维矩阵（110 行，9 列）进行简化和降维，统一设计空间优化规则系统的量纲，得到可以直接用于排序择优的标量"评估参数（E）"，完成设计空间的优化与量化评估，得到优化设计方案子空间（前 7 名列表）。与此同时，我们使用四分位数来分析整体数据列表，判断优化规则系统的合理性，以及使用定性分析的方法发掘 110 个形态方案与它们相应的用户行为的规律。最后，结合定量分析与定性分析相结合的评价方法选出最终设计方案。

## 4.5.5　讨论及展望

### 1. 女性特征座椅形态

通过实验，我们偶然发现男性和女性实验参与者的坐姿，及其所生成的相应的座椅表面造型是有明显差异的。每位女性被试者坐姿所生成的座椅方案中均包含至少一个女性特有的座椅形态，如图 4-24 所示，上圆下尖，一种倒立的水滴形状或银杏叶形状，此时，被试者的大腿并拢趋于平行或以较小的角度张开，小腿靠得很近或者叠放在一起。这种坐姿和座椅

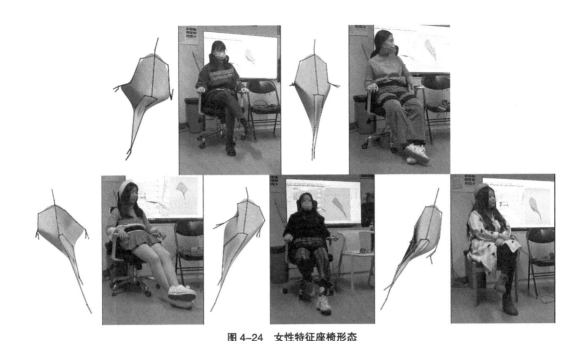

图4-24 女性特征座椅形态

形态从未在男性参与者实验过程中出现。男性被试者往往更倾向于双腿张开成大角度的坐姿，但这种姿势并非男性被试者独有，在女性被试者的实验中也出现过。

这个意外发现，再次证实了本研究的设计理念："形式服从行为或姿态"。本研究提供了一种基于用户行为和从物理世界进行用户行为变量获取的生成式设计的通用方法，基于该案例中人机工程学座椅设计问题层面，未来的工作将更加具体，例如可以加入性别、年龄等个性化个体特征的设计变量，例如专门针对女性用户的女性产品、女性家具等。

## 2. 动态可调人体工程学座椅

一个优秀的人体工程学座椅应该具有座椅形态可调选项。本研究的实体原型座椅是通过3D打印制作完成的，座椅的形态是一体成型不可调节的。虽然3D打印的快速制造能力，可以在短时间内制造多个不同形态的个性化座椅原型，但从产品设计的层面来看，一件完整的人体工程学座椅产品，缺少多功能可调选项还是令人遗憾。针对这个问题，未来的工作或许可以围绕"力反馈自动调节人体工程学座椅"的设计与研究展开。我们可以利用传感器和可编程材料来设计一种智能座椅，它可以根据传感器的数据判断使用者的身体状态，进行实时的座椅自动调节。本案例中，我们在生成式设计空间中实现了真实世界的用户与数字孪生世界的座椅之间的交互，也许未来我们可以探索更先进的技术与方法，以实现用户与座椅在现实世界中的实体交互。

# 4.6  本章小结

本章为数字形态发生"生成"式设计空间研究，在"设计空间探索"阶段围绕"设计变量"进行理论及方法创新，在"设计空间优化"阶段主要探讨形态的"功能、性能"优化问题。因此，本章在选择设计研究载体时会考虑两个因素，一是该设计问题是否存在与设计研究问题及形态"本体论"相关的设计变量，即能否产生基于数字形态"本体论"的自组织生成式的形态发生机制；二是如果该项目存在设计优化阶段，该优化问题是否属于基于形态的"功能、性能"问题。

本章的三组设计实践研究案例中，前两组案例为"设计空间探索"案例，主要探讨根据不同的设计变量类型如何获得丰富的数字形态设计方案，如通过"数据集"作为设计变量进行的数据驱动的生成式设计探索；又如通过"人体热成像图"生成 3D 打印服装的参数化纹理，使纹理予使用者的身体状态相互关联，从而在人体工程学层面给予使用者更好的保护；通过"人体脉动频率"作为设计变量，控制气动可穿戴设备动态结构的运动频率，使得该穿戴设备可以对人体生理状态进行一个实体化的呈现；通过人脸识别技术提取的与镜架设计相关的 19 个特征点作为 3D 打印定制化眼镜的设计变量，使得个性化眼镜的形态不仅从佩戴功能上满足使用者的健康需求，还在审美层面生成与使用者面部相适应的眼镜形态。

第三组案例即基于"用户行为变量"的设计空间研究，是一个既包含"探索"又包括"优化"的综合研究项目，在设计空间探索阶段，通过用户参与式设计实验，应用 Kinect 体感摄像机捕捉使用者的最舒适坐姿，通过 Arduino 压力传感器测量使用者身体与椅面之间的压力值，经过 10 位参与者的共同努力，探索 110 组座椅形态方案，在探索过程中的创新点为本研究将压力传感器制作成可穿戴的臀部护垫，这样被试者可以在实验中自由地更换座椅和坐姿；在设计空间优化阶段，本研究将 110 组形态方案所对应的 110 组由 Arduino 压力传感器所测得的 6 个压力值作为评价参数对 110 组形态方案进行评价和打分，最终通过一系列数学解析方法对评价参数进行降维和简化，得到评价参数排序列表，基于此表直接以得分评选出最优设计，进而进行接下来的原型制作和用户使用评测。在设计空间优化阶段，本研究的创新点是巧妙地运用 110 组形态方案构成的设计空间，这 110 组形态方案并不是单纯的数字模型，而是与 110 组压力值一一对应的具有信息标签的数字形态，将这 110 组压力值作为评价参数，直接和准确地评选出最优设计形态方案。

　　综上所述，本章的生成式设计空间，以基于形态本体论数字形态发生作为研究对象，围绕设计变量进行设计空间探索，围绕功能与性能进行设计空间优化，并在设计研究过程中提出理论与方法的创新点，为数字形态发生设计研究提供参考。

第 **5** 章

数字形态学"计算"式
设计空间案例研究

知行合一（Mens et Manus）

*—— 麻省理工学院校训（MIT's motto）*

# 5.1　本章概述

本章主要内容是计算式设计空间研究与应用案例设计研究，正如前文所述，计算式设计空间适用于具有"认识论"属性的数字形态，即"数字形态学（数字人工形态）"。计算式设计中"计算"一词，指的是"基于人类智慧的计算（Calculating）"，而不是"计算机计算（Computing）"，"形状语法"的提出者、麻省理工学院建筑系教授乔治·斯蒂尼（George Stiny）曾经提出"设计 = 计算（Design = Calculating）"，他认为设计的首要问题是"视觉"问题，即"看"，然而人们更多时候喜欢关注"做"和"思考"，"看"往往被忽略，正如麻省理工学院的校训"知行合一（Minds and Hands，Mens et Manus）"，如果没有"看"这个动作发生在前面，"知与行"都将很难完成。尤其是在艺术设计领域，"看"的重要性不言而喻，而且有很多著名的作品与"做"无关，并非是"做"出来的，例如杜尚（Duchamp）的《泉（Fountain）》，这件作品中他几乎没有"做"任何事情，而这件作品是 20 世纪最伟大的艺术作品之一[18]。

上文中斯蒂尼教授对于"看、做、计算"的思考，来自于他几十年来对于计算设计与人类直觉性的设计思维之间关系的思考与积累。他在 1971 提出了形状语法[34]，这是一种基于"视觉"线索，设计师以"看和做"方式对设计形式进行计算式设计（Calculative Design）迭代的方法论。在设计空间中，与人类审美直觉、设计思维联系最为紧密的要素便是"规则系统"，"规则系统"中的主要逻辑与内容几乎都来自人为的定义，是设计师、主观决策者"认识论"的集中体现。因此，本章计算式设计空间的研究重点将着重围绕计算设计过程中"规则系统"的制定进行探讨。

本章首先在第 5.2 节，探讨计算式设计空间探索与优化方法的应用细节。接下来，通过三组具有不同规则系统特征的典型案例，将案例研究部分分为三个小节（5.3，5.4，5.5）作具体的介绍：5.3 节是基于"形状语法"的计算式设计空间"探索"实践案例研究，该案例以北京历史文化中的传统民俗图案作为形状语法工作流程的视觉输入，进行计算式设计的方案探索与迭代，探讨传统民俗视觉形象与数字形态、计算设计的结合，以及北京历史文化在当代艺术创作与设计中的价值传承与创新发展。5.4 节是基于"4D 设计"的计算式设计空间"探索"实践案例研究，该案例通过动画软件动力学系统设定"造形"规则系统，进而通过设计变量"时间"的变化进行数字形态方案探索。5.5 节是基于"接受美学"的计算式设计空间"探索与优化"实践案例研究，该案例以"东方艺术（中国山水画和日本枯山水）"为美学优化原则的来源，通过一个数字艺术展示设计项目的设计实践，探索视觉与美学优化设计的定量研究方法。

# 5.2　计算式设计空间方法应用

本章的研究内容为"计算式设计空间",上一小节已经阐述了"计算"一词的含义,本章的研究对象为具有形态"认识论"属性的"数字形态学(数字人工形态)",它与上一章的"形态发生"具有很大的区别,"形态发生"往往具有"自组织生成"机制,在基于"形态发生"的研究过程中,可以提取其自身带有的"自下而上"的具有"本体论"特征的设计变量。而"形态学(人工形态)"则大为不同,"形态学(人工形态)"的自身属性中是很难或无法提取出与"本体论"属性相关的具有"自下而上""自组织生成"形态发生机制的设计变量的。那么首要问题是,是否存在这样的一种形态,其中完全找不到任何自发性的具有物质自然性的内因,进而无法构建与形态本体论相关的设计变量? 作者认为,此类形态是有的,且存在一类典型而普遍的基于此类形态的设计研究问题,此类形态就是"艺术形态",此类形态基于设计空间的研究问题就是"美学、视觉优化"问题。因此,在"计算式设计空间"中研究方法的重心变为"规则系统"的制定。

在本章的设计实践案例研究中,第一组案例是基于"形状语法"的计算式设计空间"探索"实践案例研究,该案例以北京历史文化中的传统民俗图案作为形状语法工作流程的视觉输入,进行计算式设计的方案探索与迭代,探讨传统民俗视觉形象与数字形态、计算设计的结合,以及北京历史文化在当代艺术创作与设计中的价值传承与创新发展。

第二组案例是基于"4D 设计"规则系统的设计空间探索研究,设计空间中仅有一个设计变量,即时间,在 4D 设计规则系统的制定中,作者使用三维动画软件的动力学系统,设定一系列动力学环境,在其后的基于动力学"造形"过程中,随着时间的推移,形态受力学场域规则系统的控制,产生丰富的变体,该方法为设计空间探索出大量数字形态方案。值得注意的是,这里提到的"造形",与上一章基于形态发生的基于物质自然"本体论"的"找形"是截然不同的,"造形"是基于人化自然的形态"认识论"属性,采用"自上而下"的形态"计算"方法。

第三组案例是一个基于"接受美学"的设计空间的综合设计研究项目,既包括"探索"过程,也包括"优化"过程。在本研究的初始阶段,作者首先进行大量文献阅读,发掘"接受美学"背后的自然科学本质,为设计空间"规则系统"的制定提供知识基础与科学原则。在进行设计空间构建之前,作者依照文献综述中的"图地视知觉理论"将设计问题进行了简化,以该理论作为设计空间划分的规则系统,将设计空间划分为"图—设计子空间"与"地—设计子空间",进而对两个设计子空间分别进行"探索与优化"研究。在"图—设计子空间"的探索过程中,使用形状语法进行设计形态方案的探索,在接下来的优化过程中,使用机器美学的优化规则系统,基于 KUKA|prc 的形态分析工具进行优化设计迭代,最终得到满足机器加工条件的最优数字形态,进而使用机械臂热线切割技术,完成雕塑实体形态的制作。在"地—

设计子空间"的研究过程中，主要目标是设计一套最佳的雕塑摆放方式，依据前期文献综述的研究结果，以观众可获得最大的香农信息为设计优化原则，构建"中轴变换模型"优化"规则系统"，通过一系列计算与分析得到多个"优化目标"，进而通过"遗传算法"循环迭代的方式进行多目标优化，寻找最佳的展示空间视觉结构及其相应的最佳展览布局设计。最后，在中国国家博物馆对该展览项目进行了实施。

　　本章围绕"规则系统"展开，以两组基于不同类型规则系统的设计实践案例对数字形态学"计算"式设计空间进行实践研究。数字形态学基于形态的"认识论"属性，以"规则系统制定"的研究方法进行"计算"式设计空间的"探索"研究。在设计空间"优化"阶段，该设计空间因其认识论属性，适用于探讨"视觉、美学"优化问题，本章的优化设计项目中使用基于遗传算法的循环迭代优化方法对于与规则系统一同设定的多个优化目标进行拟合，最终得到优化设计方案。

# 5.3　基于"形状语法"的设计空间"探索"实践案例

## 5.3.1　案例简介

　　本实践案例依托 2021 年北京市社科基金重点项目——北京历史文化在当代艺术创作中的价值传承与创新发展研究，笔者在该项目中指导学生应用"形状语法"以北京历史民俗三条文化带为视觉源泉与线索，探索计算设计在传统文化艺术创作与设计创新上的应用方法。三条文化带即大运河文化带、长城文化带、西山永定河文化带。加强三条文化带整体保护利用，是北京市构建全覆盖、更完善的历史文化名城保护体系的内容之一，也是"十四五"时期扎实推进全国文化中心建设的重要任务。

## 5.3.2　设计空间探索

### 1. 形状语法（Shape Grammar）

　　正如前文所述，"形状语法"由斯蒂尼教授于 1971 年提出，是数字形态与计算设计最重要的方法论之一，它是一系列由代数理论支撑的"形状公式"所组成的逻辑系统，用以记录当前的形状演变与迭代的过程及结果。笔者在麻省理工学院访学期间有幸聆听了斯蒂尼教授与甘（Gün）博士合作的计算设计课程，在该课程中系统学习了形状语法及其计算设计应用方法。

甘在斯蒂尼最初的形状语法基础上进行了优化，并扩展了形状语法的方法论意义，他将形状语法归纳为简单易用的三个公式："部分（Prt）""边界（B）"和"变换（T）"（见图2-7），进而可以在这三个"元公式"的基础上，进行任意方式的排列、组合、迭代，以产生纷繁复杂的"计算式形状（Computational Shapes）"。

## 2. 设计结果

我们使用北京三条文化带的视觉元素作为形状语法的形式来源，通过三个元公式的组合迭代，运用计算式设计的逻辑进行设计空间的探索（表5-1~ 表5-7）。从这一系列作品方案的探索，可以发现一个潜在的规律，我们选取的初始视觉元素均是有确定意义的，然而运用形状语法探索设计空间的这一过程却是数学公式与作者主观审美决策的快速推演，在形状语法探索的思考过程中，设计者并没有思考所绘制方案的确切含义，因此这一过程可以认为是不具有确定意义的。然而，在探索过程中当无意义的公式叠加的结果突然具有了某种含义，则设计空间的探索就结束了，得到了具有新的确定意义的设计方案。这一过程是从"有意义"到"无意义"再到"具有新的意义"的循环。中间"无意义"的部分是形状语法的数学逻辑迭代过程，而前后的"有意义"的时间点则是设计者发挥主观意识参与的部分。

| 形状语法设计空间探索一 | 表5-1 |
|---|---|
|  | 初始视觉元素 $x$<br>潭柘寺曲水流觞 |
|  | $Prt(x)$<br>用犀牛画线工具进行勾边 |

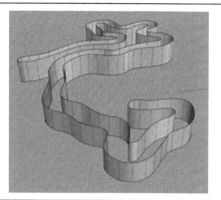

$$Prt\ (x) + t\ (x)$$

Z 轴方向进行挤出，并且转化为细分物件

$$Prt\ (x) + t\ (x) + t'\ (x)$$

使用细分工具径向镜像进行 3 物体的镜像变换

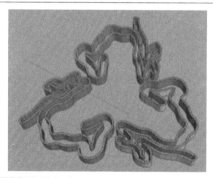

$$Prt\ (x) + t\ (x) + t'\ (x) + t''\ (x)$$

偏移变成实体

$$Prt\ (x) + t\ (x) + t'\ (x) + t''\ (x) + t'''\ (x)$$

移动细分曲面中心汇聚

续表

| | |
|---|---|
| 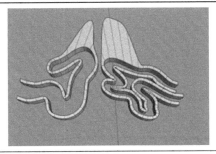 | 设 $x_1 = Prt(x) + t(x) + t'(x) + t''(x) + t'''(x)$<br>$Prt(x_1)$ |
| 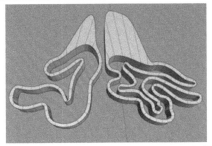 | $Prt(x_1) + t_1(x_1)$<br>修补模型边缘使用桥接命令 |
| 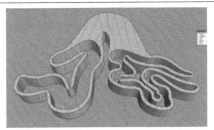 | $Prt(x_1) + t_1(x_1) + t_1'(x_1)$<br>桥接 |
| 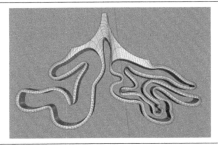 | 设 $x_2 = Prt(x_1) + t_1(x_1) + t_1'(x_1)$<br>$Prt(x_2)$ |
| 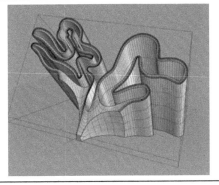 | $Prt(x_2) + t_2(x_2)$<br>边框方块变形 |

| | |
|---|---|
| 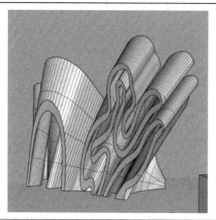 | 设 $x_3 = Prt(x_2) + t_2(x_2)$<br>$Prt(x_3)$<br>布尔运算 |
| 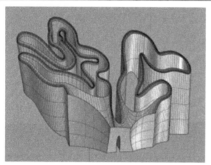 | 设 $x_4 = Prt(x_3)$<br>$Prt(x_4)$<br>布尔运算 |
| 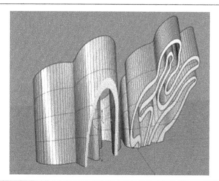 | $B_1[Prt(x_4)]$ |
| 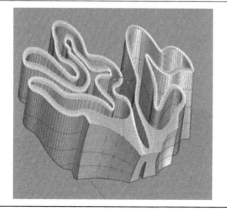 | $B_2[Prt(x_4)]$ |

续表

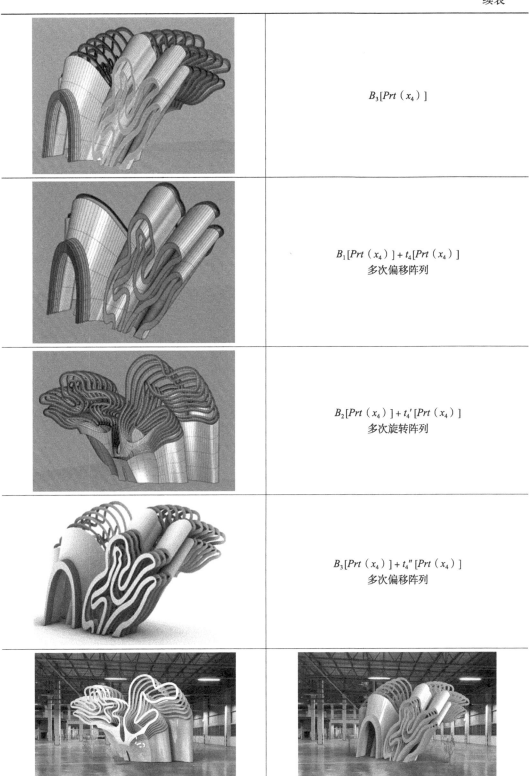

| | |
|---|---|
| | $B_3[Prt(x_4)]$ |
| | $B_1[Prt(x_4)] + t_4[Prt(x_4)]$<br>多次偏移阵列 |
| | $B_2[Prt(x_4)] + t_4'[Prt(x_4)]$<br>多次旋转阵列 |
| | $B_3[Prt(x_4)] + t_4''[Prt(x_4)]$<br>多次偏移阵列 |

形状语法设计空间探索二（学生李骏硕作品） 表5-2

| | |
|---|---|
|  | 设初始视觉元素 $x$；<br>$x$ = 龙泉寺题字 |
|  | $Prt(x)$；<br>用犀牛画线工具进行勾边，建立曲面 |
| 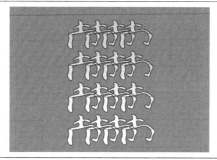 | $Prt(x) + T(x)$；<br>$x$ 方向、$y$ 方向数目均为四，对物体进行矩形列阵 |
| 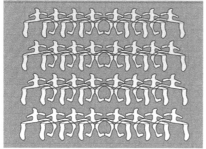 | $Prt(x) + T(x) + T'(x)$；<br>使用镜像工具进行镜像，重叠一部分 |
| 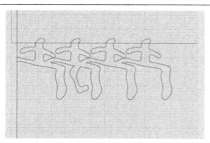 | 设 $x_1 = Prt(x) + T(x) + T'(x)$；<br>$Prt(x_1) + B(x_1)$；<br>保留一排，提取部分边缘 |

续表

| | |
|---|---|
| 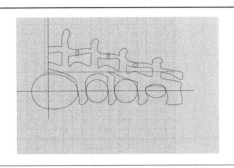 | $Prt(x_1) + B(x_1) + T(x_1)$;<br>进行曲线调整，加入圆形 |
| 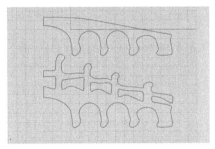 | 设 $x_2 = x_3 = Prt(x_1) + B(x_1) + T(x_1)$;<br>$B(x_2)$;<br>$B(x_3) + T(x_3)$;<br>提取图形部分边缘 $x_2$（上方曲线）、$x_3$（下方曲线），对 $x_3$ 进行部分调整 |
| 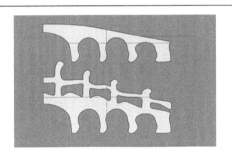 | $B(x_2) + T(x_2)$;<br>$B(x_3) + T(x_3) + T'(x_3)$;<br>以封闭曲线建立曲面 |
| 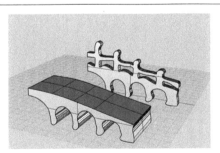 | $B(x_2) + T(x_2) + T'(x_2)$;<br>$B(x_3) + T(x_3) + T'(x_3) + T''(x_3)$;<br>挤出封闭曲面 |
| 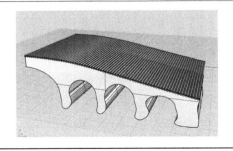 | $B(x_2) + T(x_2) + T'(x_2) + T''(x_2)$;<br>$B(x_3) + T(x_3) + T'(x_3) + T''(x_3)$;<br>沿 $x_2$ 边缘进行圆管列阵 |

续表

| | |
|---|---|
| 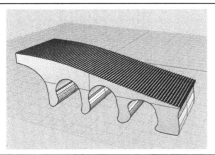 | $B(x_2) + T(x_2) + T'(x_2) + T''(x_2) + T'''(x_2);$<br>$B(x_3) + T(x_3) + T'(x_3) + T''(x_3);$<br>对 $x_2$ 进行布尔运算差集 |
| 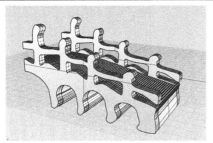 | 设 $x_4 = 2[B(x_2) + T(x_2) + T'(x_2) + T''(x_2) + T'''(x_2)]$<br>$+ B(x_3) + T(x_3) + T'(x_3) + T''(x_3);$<br>使用布尔运算联集生成 $x_4$ |
|  | $T(x_4);$<br>对 $x_4$ 镜像后进行布尔运算合并 |
|  |  |

**形状语法设计空间探索三（学生瞿羽佳作品）** 表5-3

| | |
|---|---|
|   | 提取塔的元素 |

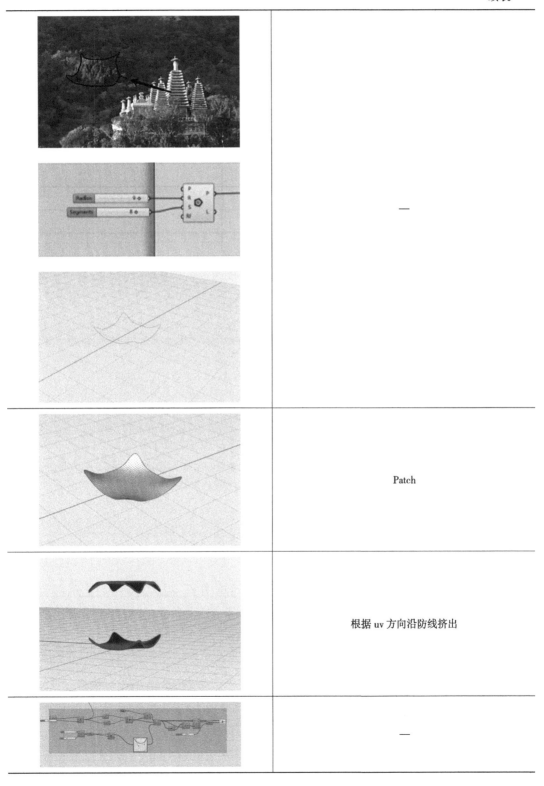

| | |
|---|---|
| | — |
| | Patch |
| | 根据 uv 方向沿防线挤出 |
| | — |

续表

| | |
|---|---|
| 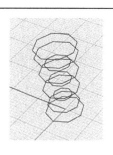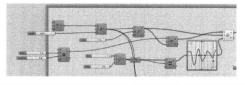 | 使用函数控制尺寸 |
| 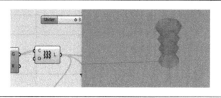 | loft |
| 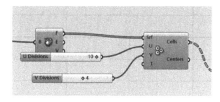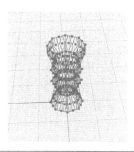 | 提取 brep 的 surface 用 lucnhbox 八边形改造 |
|  | 将树性数据转化成线性数据 |

续表

| | |
|---|---|
| 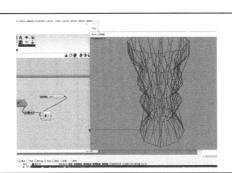 | 将树性数据转化成线性数据 |
|  | 掏空 |
|  | 渲染 |

形状语法设计空间探索四（学生李昕燕作品） 表5-4

| | |
|---|---|
| 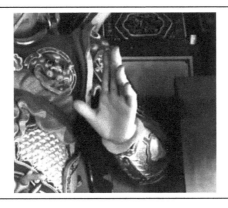 | 初始视觉元素<br>"四大天王" |

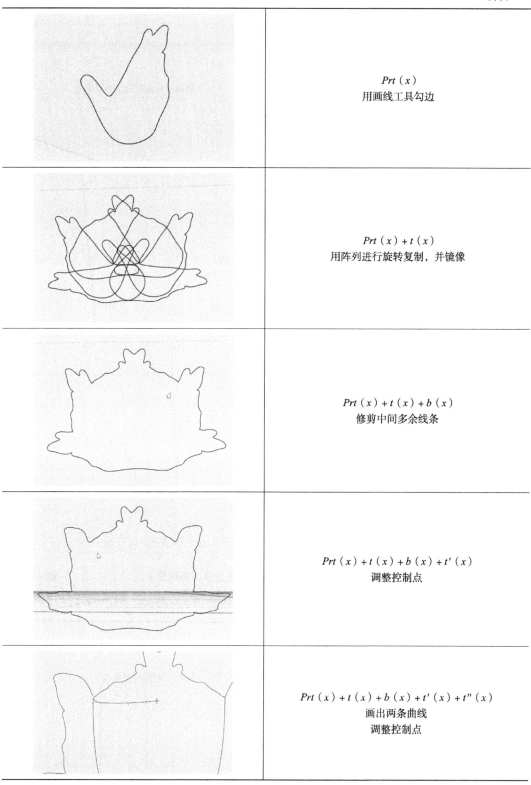

$Prt(x)$
用画线工具勾边

$Prt(x)+t(x)$
用阵列进行旋转复制，并镜像

$Prt(x)+t(x)+b(x)$
修剪中间多余线条

$Prt(x)+t(x)+b(x)+t'(x)$
调整控制点

$Prt(x)+t(x)+b(x)+t'(x)+t''(x)$
画出两条曲线
调整控制点

续表

| | |
|---|---|
| 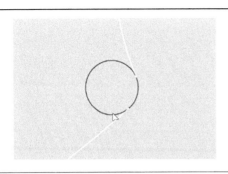 | $Prt(x)+t(x)+b(x)+t'(x)+t''(x)$<br>利用圆和修剪工具调整曲线<br>镜像 |
|  | $Prt(x)+t(x)+b(x)+t'(x)+t''(x)+t'''(x)$<br>镜像 |
| 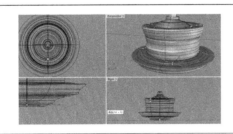 | 设 $x_1 = Prt(x)+t(x)+b(x)+t'(x)+t''(x)+t'''(x)$<br>$t(x_1)$<br>旋转成型 |
|  | $t(x_1)+t'(x_1)$<br>移动盖子位置 |
|  | 效果图 |

形状语法设计空间探索五（学生绳宇恒作品） 表5-5

| | |
|---|---|
|  | 初始视觉元素 $x$ 大雄宝殿佛像法印 |
| 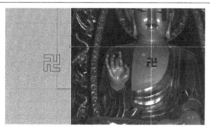 | $Prt(x)$<br>利用犀牛画线工具进行边缘规范 |
| 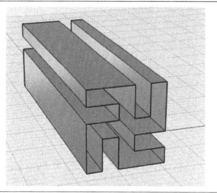 | $Prt(x)+t(x)$<br>从 $Y$ 轴方向进行挤出，并且转化为细分物件 |
| 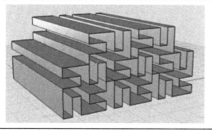 | $Prt(x)+t(x)+t'(x)$<br>使用移动工具进行 5 物体的堆叠 |

续表

| | |
|---|---|
| 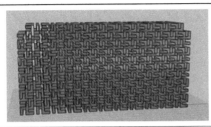 | $Prt\,(x)+t\,(x)+t'\,(x)+t''\,(x)$<br>使用阵列塑造墙体 |
| 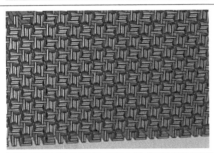 | $Prt\,(x)+t\,(x)+t'\,(x)+t''\,(x)+t'''\,(x)$<br>偏移形成实体 |
| 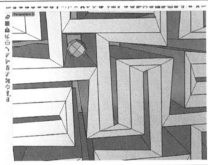 | $Prt\,(x)+t\,(x)+t'\,(x)+t''\,(x)+t'''\,(x)+y$<br>设一细分球体为 $y$，置于灯光图层 |
|  | $Prt\,(x)+t\,(x)+t'\,(x)+t''\,(x)+t'''\,(x)+y+t'\,(y)$<br>将细分球体也随 $t\,(x)$ 结构形态进行 $x$ 与 $z$ 方向列阵 |
|  | 设 $z=Prt\,(x)+t\,(x)+t'\,(x)+t''\,(x)+t'''\,(x)+y+t'\,(y)$<br>$t\,(z)$<br>对 $z$ 进行边缘修剪 |
|  | $t\,(z)+t'\,(z)$<br>用曲线工具画出在 $x$、$y$ 平面内曲线<br>使 $z$ 沿曲线流动 |

| | |
|---|---|
| 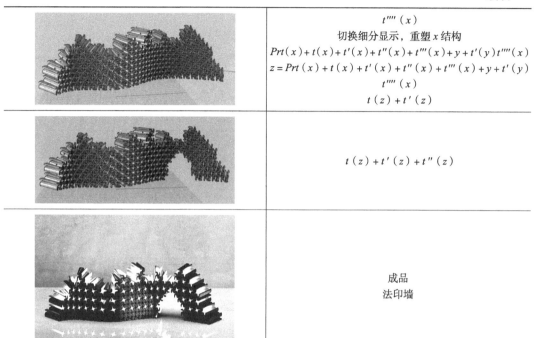 | $t''''(x)$<br>切换细分显示，重塑 $x$ 结构<br>$Prt(x)+t(x)+t'(x)+t''(x)+t'''(x)+y+t'(y)t''''(x)$<br>$z=Prt(x)+t(x)+t'(x)+t''(x)+t'''(x)+y+t'(y)$<br>$t''''(x)$<br>$t(z)+t'(z)$ |
| | $t(z)+t'(z)+t''(z)$ |
| | 成品<br>法印墙 |

**形状语法设计空间探索六（学生李昕孜作品）**　　　　表5-6

| | |
|---|---|
| 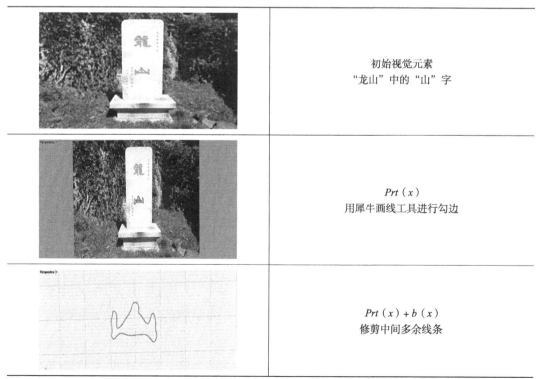 | 初始视觉元素<br>"龙山"中的"山"字 |
| | $Prt(x)$<br>用犀牛画线工具进行勾边 |
| | $Prt(x)+b(x)$<br>修剪中间多余线条 |

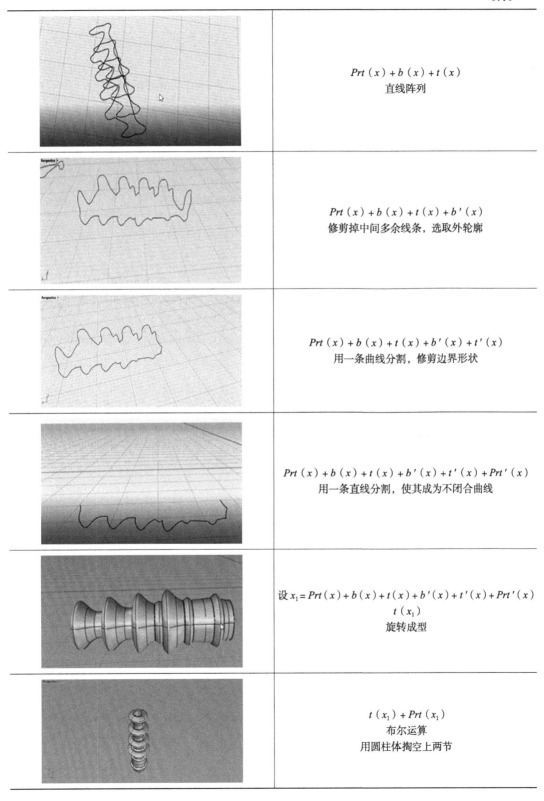

| | |
|---|---|
| | $Prt(x)+b(x)+t(x)$<br>直线阵列 |
| | $Prt(x)+b(x)+t(x)+b'(x)$<br>修剪掉中间多余线条,选取外轮廓 |
| | $Prt(x)+b(x)+t(x)+b'(x)+t'(x)$<br>用一条曲线分割,修剪边界形状 |
| | $Prt(x)+b(x)+t(x)+b'(x)+t'(x)+Prt'(x)$<br>用一条直线分割,使其成为不闭合曲线 |
| | 设 $x_1=Prt(x)+b(x)+t(x)+b'(x)+t'(x)+Prt'(x)$<br>$t(x_1)$<br>旋转成型 |
| | $t(x_1)+Prt(x_1)$<br>布尔运算<br>用圆柱体掏空上两节 |

续表

| | 渲染效果图 |

**形状语法设计空间探索七（学生张远实作品）**  表5-7

初始视觉元素
乾隆御笔"双林邃境"木匾

$Prt(x)$
利用犀牛画线工具勾边提取元素

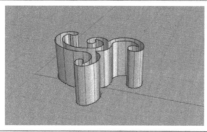

$Prt(x)+t(x)$
利用细分放样转化为细分物件，并沿 $z$ 轴方向挤出

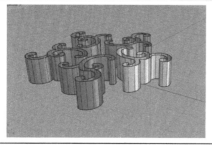

$Prt(x)+t(x)+t'(x)$
利用细分径向对称工具进行 5 物体的变换

续表

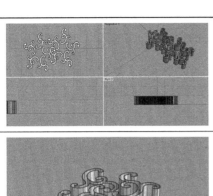

设 $x_1 = Prt(x) + t(x) + t'(x) + t''(x)$
利用复制工具复制上一步所得物体

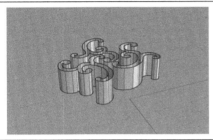

$Prt(x_1)$
取部分 $x_1$ 物件，其余部分删去

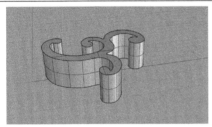

$Prt(x) + t(x) + t'''(x)$
利用平面曲线建立曲面工具封顶，建立物件 $x_2$

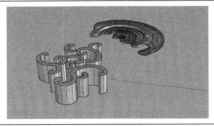

设 $x_3 = b(x_2) + t(x_2)$
利用细分工具中的旋转工具旋转上一步所得物件，并对
所得物件进行挤出

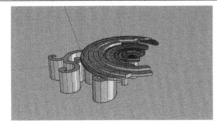

$x_1 + x_3$
组合 $x_1$ 与 $x_3$ 物件

# 5.4 基于"4D 设计"的设计空间"探索"实践案例

## 5.4.1 案例简介

"4D 设计"被称为"时空建模（Spatial-time Modeling）"或"基于时间的设计（Time-based Design）"，它不仅是一种用动画展示设计创意概念的方法，也是一种关注动态物体与动态环境共同表现的系统性、整体化的设计范式[110]。"4D 设计"在各个领域的应用广泛，例如在形态科学研究中微观形成发生机制的视觉可视化[127, 145, 146]，智能多代理系统设计[147, 148]，动态建筑信息模型以及建筑结构设计动画展示[149, 150] 等。

"4D 设计"的原理看上去与上一章主要内容"数字形态发生"及"找形"十分类似，都具有"动态形成、自下而上、自组织、系统性"等特点，然而两者在"内在核心"以及"设计空间探索的方法"上有本质区别。"数字形态发生"的"内在核心"是形态的"本体论"，体现在方法层面就是"设计变量"从真实世界获取。而本案例中的"4D 设计"，在设计空间中只有一个设计变量，那就是"时间"，并没有基于"本体论"从真实世界获取更多的可以构成"形态发生机制"的物理空间的设计变量。"4D 设计"的本质，还是基于"认识论"的，其设计空间运行机制主要通过"规则系统"的构建，而不是"设计变量"的驱动。而"规则系统"是通过设计师的主观认知构建的，例如在动力学系统中可以添加任意方向和大小的力，且力与力之间的关系也可以人为定义，比如可以出现竖直向上的重力等。此外，清华大学计算机学院刘永进教授曾在授课时提到，计算机图形学以及动画设计软件引擎中的"力学模拟、自然形态发生机制模拟"等都是"假的"，即"看起来像真的"，其实和自然界真正复杂的物理、化学关系差异巨大，他明确指出，千万不要用计算机图形学工具去研究真正的物理问题。

本研究主要利用动画设计软件 Cinema 4D 及其粒子动力学插件 X-particle 与流体动力学插件 TurbulenceFD 进行"粒子形态"的"4D 设计"及计算式设计空间的探索。动画软件的动力学系统为计算式设计空间的探索提供了自由的平台，在其中设计师可以不受客观物理条件制约的随心所欲地"找形"，当然，这里的"找形"又区别于"形态发生"中基于客观物理世界真实的受力的找形。

本案例中作者对三种粒子形态进行了探索，分别是"珊瑚生长过程形态""流体形态"以及"星云状形态"。分别应用 X-particle 插件中的"元胞自动机（Cellular Automata）"和"流体动力学"，以及 Cinema 4D 中的"粒子"与"域力场"系统。

## 5.4.2 设计空间探索

### 1. "元胞自动机"珊瑚生长形态探索

"元胞自动机（Cellular Automata，CA）"又称作"细胞自动机""棋盘格自动机"，它是由规则的单元格网格构成，每一个单元格处于"有限状态[①]"中的一种，如打开和关闭。单元网格可以是任意数量的尺寸，当元胞自动机开始工作时，系统根据每个单元格分配的状态来选择初始单元格，进而在下一秒，根据单元格当前的状态及其附近单元格的状态来确定每个单元格的新状态。一般情况下，用于更新单元格个体状态的规则对于每个单元格个体都是相同的，并且会同时应用于整个网格[151]。

本案例的设计思路是应用元胞自动机生成珊瑚形态的基础骨架，进而基于每个元胞点以体素建模的方式生成网格面，以完成珊瑚形态的 4D 模型构建，拖动时间轴随着元胞自动机基础点的生长，4D 模型也随之生长。

具体的 Cinema 4D 软件建模步骤为：① 构建 X-particle 动力学环境，使用 xpSystem 动力学环境模块，该模块提供了动力学模拟所需要的一切功能组件，包括粒子生成器、效果器等。②使用 xpSystem 中的"元胞自动机"生成器，该生成模块具有强大的功能，除了"元胞自动机"以外还提供了各种经典的计算设计算法，如分形、Lsystem 等。"元胞自动机"中有一系列可调参数，让设计师自由发挥，创造满意的形态[152]。③使用 OpenVDB Mesher 功能模块[153]，以"元胞自动机"生成的点为基础，构建体素 4D 模型。④使用 xpSystem 中的变形器（Modifer）对 4D 模型形态进行微调，比如调整比例参数等。

通过上述的规则系统的构建，最终得到了如图 5-1 所示的珊瑚形态方案，作者通过渲染器 Cycle4D 中的材质参数调整，设定了两种材质的对比，一种是发光材质，另一种是铁锈材质，作者对于 4D 模型渲染的设置是发光材质仅体现在具有"速率"的模型上，即发光材质只存在于正在发生、生长的珊瑚形态中，这样的设置中暗含一种隐喻：即生命从发光到暗淡的思考。

---

① 在信息技术和计算机科学中，如果系统被设计为记住之前的事件或用户交互信息，则该系统被描述为有状态的，系统记住的信息称为系统状态。

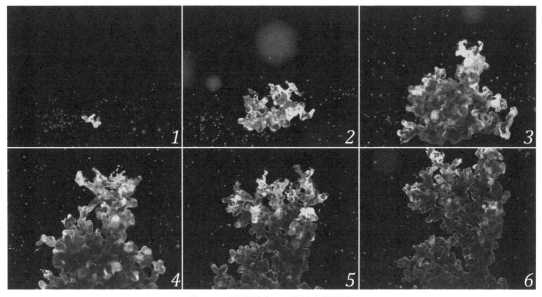

图 5-1　珊瑚形态 4D 设计空间探索

## 2."粒子系统"流体运动形态探索

　　"粒子系统"是三维计算机图形学中的模拟粒子动效的技术,而这些微观 4D 形态使用传统的建模和渲染技术难以实现其真实感。经常使用粒子系统模拟的 4D 形态有火焰、烟雾、水流、云等。

　　在 X-particle 系统中,粒子的运动主要由发射器控制,其由一组粒子行为参数以及在三维空间中的位置所表示。粒子行为参数可以包括粒子生成速度(单位时间生成粒子的数量)、粒子初始速度向量、粒子寿命(经过一段时间之后粒子消失)、粒子颜色等。

　　本案例中通过四个粒子发射器,向容器中注入不同颜色的"粒子流体",进而在动力学系统中添加一些外力,使得四种混合流体的动态过程更为复杂,从而得到流体运动的 4D 形态。

　　具体的设计步骤为:①流体混合容器的建模,作者构建了一个长方体容器,并为该模型添加 X-particle 的刚体碰撞标签。②构建四个粒子发射器,并将其位置分别设定在长方体容器的四边。③在系统中设定基础力场,如重力场。④对粒子发射器的"动力学"选项卡参数进行微调,以做出逼真的流体混合效果。⑤将四个粒子发射器拖入到"动力学"选项卡中的"来源"窗口,以使得四个发射器关联,进而让它们发出的粒子之间有力学碰撞与交互。⑥设定粒子颜色,使四个发射器发出的粒子颜色有区分,以便于 4D 形态的观察。

　　通过上述规则系统的构建,我们得到了如图 5-2 所示一系列的流体动力学运动模拟 4D 形态。

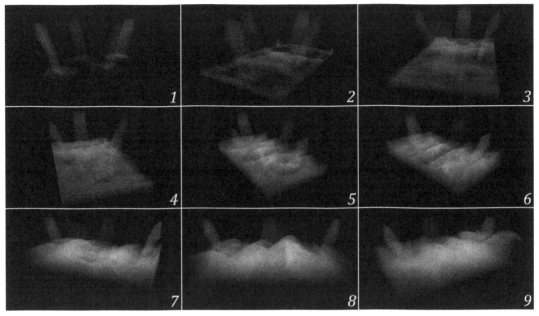

图 5-2 流体形体 4D 设计空间探索

## 3."域力场"星云形态探索

"域力场"是 Cinema 4D 软件自 R21 版本开始新推出的一个动力学模拟功能组件,旨在方便使用者依照自己的需求设计各种各样的力场。"域力场"是"力场"的一种,作为一个力场,就会在空间中对带有动力学效果的物体产生影响,换言之,力场是一个描述了不同作用力大小及方向的空间。

Cinema 4D 软件在之前的版本中,给用户设置了几种常用的力场类型,例如引力力场就是让物体受到朝向引力对象方向的力,重力力场就是让物体受到竖直向下的力。而"域力场"则是将力场中力的方向和分布完全交给用户来控制,因此,设计师可以在软件中对各种动力学动画进行随心所欲的力学控制。

本案例中,作者通过对静态粒子施加"球体域力场",并人为设定"球体域"的位移轨迹,制造星云的动态形成过程,其具体步骤为:①添加粒子发射器,并设定"粒子生成速度"为每秒生成 1000000 个粒子;"粒子初始速度向量"为 0;"粒子寿命"为 25 帧。②从"域力场"模块中选出"球体域",设置"绝对速率"这一步很重要,因为当粒子与球体域之间的速率小于绝对速率时,粒子就不再受球体域影响,从而将形态固定,如果不设定"绝对速率",粒子会继续沿延长线方向运动,星云的 4D 形态无法固定。③选择球体域中的动画记录选项,手动画一条球体域的运动轨迹。④在系统中添加"衰退、延迟、随机域"使得星云的 4D 形态

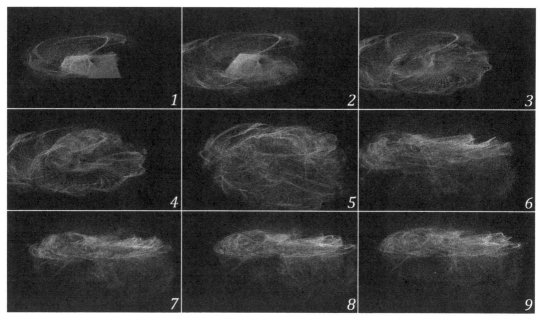

**图 5-3　星云形态 4D 设计空间探索**

更加随机。⑤设定粒子颜色，以粒子当前的运动速度作为材质颜色的区分。通过上述规则系统的构建，我们得到如图 5-3 所示的星云 4D 形态方案。

## 5.4.3　案例研究结论与讨论

本案例引入了 4D 设计方法，对"计算式设计空间探索"进行实践研究，"计算式设计"的核心为"计算"，体现在具体的方法上是设计师通过主观的设计思维对"规则系统"的构建，设定"造形"规律，令其随"时间"变化的过程中可以创造出丰富的 4D 形态。

4D 设计中最主要和根本的设计变量是"时间"，在一定的时间范围内，随着时间步伐的推进，"规则系统"按照预先的设定运作，以一种"虚拟找形"的方式，在动力学、域力场等作用下，探索"设计空间"提供丰富的数字形态方案。因为 4D 设计空间的形态驱动力主要来源于"规则系统"，且"规则系统"是人为构建，因此它被归入"第二自然"的范畴，即"人工形态""数字形态学"形态。

本案例中只涉及设计空间的"探索"即设计方案的探索阶段，而未涉及设计空间所产出方案的评选与优化，4D 设计的特点更适用于产出数字形态方案，而"计算式设计空间"中如何对所得到的设计方案进行"优化"与"评价"，将在下一节中着重讨论。

# 5.5 基于"接受美学"的设计空间"探索与优化"实践案例

## 5.5.1 案例简介

本案例以"东方艺术（中国山水画和日本枯山水）"为美学优化原则的来源，通过一个数字艺术展示设计项目的设计实践，探索视觉与美学优化设计的定量研究方法。视觉、美学问题的优化计算是极为困难的，因为审美因素大多涉及主观决策和直觉判断，美学优化问题存在着巨大的设计空间，纯粹的感性和直觉的审美变量使得设计空间的边界限制条件很少。为了解决这一难题，本研究尝试将感性的审美因素转变为可量化的优化目标，我们认为可量化的优化原则存在于感性审美因素背后的自然科学隐藏模式[62]中。因此，本研究首先探索审美问题背后的自然科学本质，通过文献综述，找出美学问题量化计算的自然科学原则，并将它们应用到设计空间探索中：①基于"图形—背景视知觉感知原理"找出划分设计子空间的边界条件，缩小设计空间的范围；②通过中轴变换（Medial Axis Transformation，MAT）模型构建"地—设计子空间"的优化规则系统；③通过香农信息视觉信息能量流动的动力学分析确定"地—设计子空间"的量化优化目标与评价参数。此外，我们在设计空间探索中还应用了专门研究具有认识论属性的"形态学（Morphology）"及"人工形态"的数字形态研究方法论：①以"形状语法"作为"图—设计子空间"设计空间探索的方法论,定义"正弦波函数"为该空间的规则系统，得到最优的雕塑展项造型；②以"优化算法—遗传算法"作为"地—设计子空间"设计空间探索的方法论，进行"多目标优化"计算设计，得到最优的展览布局。最后得出具有东方艺术接受美学精髓的数字艺术展览设计，并在中国国家博物馆进行展出。

## 5.5.2 研究问题

本研究的主要研究问题是"美学优化计算"，探讨如何运用计算设计方法论，以美学问题的自然科学本质（视知觉理论、格式塔心理学、香农信息论等）为基础，通过可量化的优化设计原则进行视觉艺术和美学问题的优化设计。通过文献调研，可以搜索到很多与视觉和美学问题相关的优化设计案例，其中涌现了很多成熟的数字形态设计空间探索和优化的方法论[154, 155]。形状语法便是其中最为著名的计算设计方法论之一，它是一种基于规则系统的代数方法，以认识论的自上而下的计算设计思维探索最佳视觉设计的方法论[156]。甘[157]开发了一个基于形状语法的计算设计绘画系统，将计算技术融入人类创造性视觉设计探索的过程中，使形状语法在人类艺术创作认识论层面又向前迈进了一步。本研究利用"形状语法"作为"图—

设计子空间"的探索方法论。

尽管目前已经有很多视觉美学优化设计的相关案例与方法论,但是视觉、美学优化问题仍然是一个很大的难题,用我们的眼睛和手自然且容易做到的事情可能很难进行量化计算[18]。如果设计师的审美直觉和主观经验可以转化为可以量化的优化目标,那么视觉和美学的优化过程才是客观和合理的[158]。通过进一步的文献搜索,可以找到很多将主观感性因素量化的相关理论和工作,例如著名的感性工学将人类细微的主观感觉进行量化[159~163]。格式塔学派致力于研究人类脑科学及生理科学与主观审美体验的相关性[164, 165]。唐德(Tonder)等人[166]应用格式塔法则、图形—背景视知觉理论,以及视觉结构、中轴变换(MAT)模型,揭示了日本枯山水典型代表龙安寺枯山水花园布局设计的隐式视觉结构,并将这一研究发表在了 2002 年的《自然(*Nature*)》杂志上。渡边(Watanabe)等人[158]利用 MAT 模型作为"视觉大脑(visual brain)",量化评估汽车内饰设计的美学问题。本案例应用 MAT 模型构造"地—设计子空间"的规则系统,进而定义量化的优化目标与设计评价体系。

我们通过跨学科的文献综述,以"剥洋葱"的方式层层挖掘东方艺术美学现象"留白"背后在不同学科层面的本质原理:其"美学"本质可以被"接受美学"解释,其"心理学"本质则来源于格式塔学派的"图—地视知觉理论",其"数学"本质可以被"香农信息理论"证明。本研究将感性的艺术美学问题转化为理性的"图形—地面感知(Figure-ground perception)"认知科学原则,以及可以在设计空间中进行量化操作的"中轴变换"视觉结构计算设计模型,为本研究后续的设计空间探索和多目标优化计算铺平了道路。此外,我们还进一步探讨了"香农信息"理论来挖掘上述理论背后的数学原理,并基于该理论进行视觉信息能量流动分析,从而定义本研究的量化优化目标与设计评价标准。本研究在借鉴前人研究成果的基础上,基于"接受美学""图—地感知理论""香农信息论"对展示空间进行美学计算优化,进行基于认识论的形态学计算式设计空间的探索与优化研究。

本案例的研究路径如图 5-4 所示:在本研究中,我们首先通过文献综述,探寻东方艺术

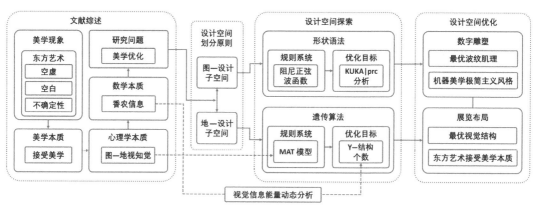

图 5-4　案例研究路径

的美学特点，并进一步探讨其背后的人文及自然科学的本质。在此基础上，划分设计子空间，并将接受美学的原则量化为计算设计模型，为各设计子空间定义规则系统和优化目标。接下来，进行计算式设计空间探索，最终以"计算式设计"的方法得到最佳的展示设计方案。

## 5.5.3 优化目标相关理论挖掘

### 1. 东方艺术的特点：空虚、空白、不确定性

1）中国山水画

作为中国传统精神的最高表现形式之一，中国山水画是诠释"空虚、空白、不确定性"的一个典型的例子，其中"虚而实、空而满、少而多"的辩证概念经常被提及和运用[167]。中国山水画中的"空白"被称为"留白"，艺术家通常在构图中留下一些没有任何墨水痕迹的"空白"，以增强画面的整体视觉效果，"留白"可以给观众带来更好的作品欣赏体验，这种"未画空白"是连接艺术家情感内心世界和观众经验想象世界的桥梁[168]。"空虚"是中国画世界观的核心，是体现中国美学中阴阳（图与地）哲学概念的特征[169]。中国画中的"留白"就像一个空碗，观众可以根据自己的个体经验和审美直觉，用自己的记忆和想象来填补画作中的"空白"，从而感同身受形成共情，与艺术家隔"空"交流，帮助艺术家完善作品，用自己的审美直觉把艺术作品中的留白想象成自己所认为最美好的部分[170]。

2）日本枯山水

日本园林设计深受中国传统山水画的影响，平安时代以后，逐渐形成了鲜明的日本抽象禅宗风格，与中国的"前身、先例"相比风格更加极简[171, 172]。日本枯山水中的小型化景观被认为是日本园林艺术发展中的独创，白沙的"空寂"与中国画中的"留白"异曲同工、相得益彰，空旷和极简的象征物激发了观赏者深刻的洞察力与想象空间，为观者创造了感官的深度[173]。

### 2. 接受美学（Reception Aesthetics）

东方艺术中的"空虚、空白、不确定性"可以用接受美学来解释：任何艺术作品都存在"空虚、空白、不确定性"，等待着欣赏者去填补这个艺术作品的"空虚、空白、不确定性"，艺术欣赏的本质是欣赏者对艺术作品的"空虚、空白、不确定性"的填补[174]。接受美学理论体系有两个基本组成部分，一个是由沃尔夫冈·伊瑟尔（Wolfgang Iser）提出的"召唤结构"[175]，另一个是由汉斯·罗伯特·姚斯（Hans Robert Jauss）提出的"期待视野"[176, 177]。"召唤结构"是指在作品的"内容"与"空白"之间的一种精巧的构图与搭配，一种隐藏的视觉结构，

这种"结构"表现为一种开放性,"召唤"观者用自己的想象去填补空白残缺的画面内容,如中国山水画中"图案"与"留白"之间的构图,以及在日本枯山水中"岩石"和"白沙"之间的布局。"期待视野"是指作品欣赏者根据各自不同的背景和经历,对艺术作品内容所传达的信息具有不同的主观"期望",在个体的个性化"视野"中欣赏和思考艺术作品的内涵。接受美学认为艺术作品不能单独存在,作品的完成需要欣赏者共同参与,一部没有被观众欣赏过的作品是不完整的。佩洛斯基(Pelowski)等人[178]研究了艺术欣赏与视知觉感知的"认识论"过程,认为艺术欣赏是艺术作品"自下而上"的美学特质、视觉结构、元素构成等客观因素,与欣赏者"自上而下"的个性化背景、记忆、经验、审美直觉等主观因素相互结合,共同作用的结果。上文提到的"召唤结构"是产生"自下而上"因素的艺术作品的内在机制、隐藏模式;而欣赏者的"期待视野",则是"自上而下"的主观因素,用欣赏者自身的审美直觉和经验记忆,填补艺术作品中的"空虚、空白、不确定性",从而完成艺术作品的欣赏。

## 3. "图形 – 地面感知(Figure-Ground Perception)"理论

接受美学定义了艺术作品欣赏的本质,强调了欣赏者参与的意义,提出了艺术作品"召唤结构"与欣赏者"期待视野"的"认识论"交流机制。接受美学定义了东方艺术"空白"的美学、哲学本质,然而,如果向自然科学的方向进一步挖掘的话,接受美学背后的心理学本质和脑科学原理是什么呢?格式塔学派[179, 180]给出了答案,格式塔心理学家发现了"视知觉分组(Visual perceptual grouping)"的视觉感知过程,即存在某种视知觉机制,将眼睛看到的各种视觉线索组合成有意义的知觉整体。在脑科学领域"视知觉分组"又称为"分割(Segmentation)",该过程发生在视觉系统认知过程的早期阶段,"视觉大脑[164]"将观察者所处场景中的视觉信息分割成具有不同意义的部分。科恩德林(Koenderink)等人[181]通过研究分析,将"分割"过程中在"视觉大脑"中形成的"视觉映像"进一步划分为物体的"表面区域(surface regions)"和"边界轮廓(bounding contours)"。在这个层次上,"局部轮廓(local contour)"元素和"表面纹理(surface texture)"元素,被分别分组为"分割"的"轮廓(outlines)"和"区域(regions)"。接下来,在"感知分组"即"分割"的下一步,"视觉大脑"将分割后的图像信息分为"图(Figure)"和"地(Ground)",上述的整个过程就是"图形—地面感知(Figure-Ground Perception)"[182]。相应地,中国山水画中的"留白"和日本枯山水中的"白沙"都是"图形—地面系统"中的"地面",正是由于视觉结构中"图形"与"地面"的精巧组合与构图,带给艺术作品欣赏者更佳的美学体验和更多的想象空间。唐德(Tonder)等人[166, 183]通过"图形—地面感知"理论和视觉结构分析工具"中轴变换"模型,对日本枯山水中的代表"龙安寺枯山水(Ryoan-ji garden)"进行了量化计算分析,揭示了枯山水中岩石与白沙的布局设计背后隐含的视觉结构,优化后的视觉结构能够为位于最佳观看点的观众提供最大的"香农信息"。唐德的研究不仅应用"视知觉理论"揭示龙安寺枯山水布局设计背后的隐式视觉结构,还将"接受美学"与"香农信息"联系起来,受其启发,本研究引入"香农信息"来量化园林布局设计中视觉结构的评价标准。

## 4. 香农信息熵（Shannon Information Entropy）

"香农信息[184]"是指由已发生的特定事件所带来的"信息""惊喜"和"不确定性","信息量"[见公式（5-1）]是对"信息"的度量。"信息量"的大小与该"信息"事件发生的概率成反比,例如,如果一段信息为"太阳明早会从东边升起",该事件发生的概率为100%,故而信息量为0;但如果是一个极小概率事件发生,例如"彩票大奖号码是我的生日",那么该事件则会产生很大的"信息量",对于这种具有很大信息量的小概率事件,我们可以称之为"惊喜"和"不确定性",在前文中提到的龙安寺枯山水中的隐式视觉结构、中国山水画中带有"留白"的构图、接受美学中的"召唤结构"等,都是为了使欣赏者在欣赏艺术作品过程中产生"惊喜"和"不确定性"的视知觉"召唤"机制。

$$h(x) = -\log_2 p(x) \qquad (5-1)$$

在"香农信息论"中最为重要的概念是"香农信息熵","信息熵"指的是在考虑了所有事件发生概率的情况下,对特定事件发生前产生的"信息量"的"期望",即在一组随机事件中,所有可能发生事件所带来的信息量的"期望"值[见公式（5-2）]。换言之,熵可以解释为对即将发生的所有事件中可能会产生的"信息""惊喜"和"不确定性"的预测和估计。唐德的研究发现,龙安寺枯山水庭院中的最佳观赏点能够向观众传递最大的"香农信息",换句话说,这个观赏点可以为观众提供关于花园最大的"信息""惊喜"和"不确定性"。

$$H(X) = -\sum_{i=1}^{n} p(x_i) \log_2 p(x_i) \qquad (5-2)$$

在香农信息论中,信息传播系统由三个要素组成:"信息源（Source of Information）"、"信息交流通道（Communication Channel）"和"信息接收者（Receiver of Information）"[184],这三个要素恰好对应于上述"图形—地面感知"系统中的"图形""地面"和"欣赏者"。"香农信息"所关注的"惊喜"和"不确定性",也与"接受美学"和东方艺术中的"留白"和"不确定性"不谋而合。

## 5.5.4　设计空间探索与优化

本研究从东方艺术中的"留白"美学现象入手,通过跨学科的文献研究,探索"留白"美学现象的本质及其背后的自然科学原理,进而以"接受美学"、"图形—背景感知"理论、"香农信息"等理论为基础进行"设计空间探索"。本案例研究的目的是探索如何将"接受美学"及其自然科学相关原理,通过"计算式设计空间",应用于数字雕塑展示空间中。

## 1. 根据"图形—地面感知"理论划分设计子空间

设计空间探索(DSE)是指在设计实施前探索设计方案的活动,通过设计空间的"规则系统"将实际设计问题转化为不同的"设计变量",以及通过调整规则系统的算法逻辑及"设计变量"的个数、关系进行设计空间的扩展,从而得到大量设计方案。在此基础上进行设计空间优化(DSO),即设定量化优化目标与评估体系,从大量设计方案中进行最优解的搜索。其中,"设计变量"的个数是设计空间的维度,通常需要对设计空间进行降维以降低其探索与优化过程的复杂性。

如前文所述,与视觉艺术、美学相关问题的设计空间往往庞大且具有很高的维度,这类问题具有较多的"设计变量",而且"设计变量"之间数据关系复杂,其中还包含很多设计师、艺术家的主观审美因素,美学设计空间的限制条件往往很少。在本案例中,我们根据"图形—地面感知"理论,为设计空间定义限制条件,将"接受美学"设计空间划分为"图形—设计"和"地面—设计"两个子空间,从而将一个复杂庞大的设计空间分解为两个相对简单的子空间,方便后续的探索和优化过程。

## 2. 图—设计子空间

1)形状语法

"形状语法"是一系列"描述(Describing)"和"生成(Generating)"设计的"基于规则的系统(Rule-based Systems)","形状计算(Shape Computations)"是即兴的、感性的和"行动导向(Action-oriented)"的,它们由代数理论支撑,而代数理论是通用计算机得以实现的先决条件[34, 185]。"形状语法"是一种"自上而下"基于"认识论"的计算设计方法论,与上一章"生成式设计"所强调的"自下而上"的"本体论"不同,形状语法的创造驱动力来自设计师的审美直觉与认知。Gün扩展了"形状语法"的方法论意义,在他的博士论文[84]中将"形状语法"归纳为简单易用的三个公式:"部分""边界"和"变换",见公式(5-3)~公式(5-5),进而可以通过它们的各种排列、组合,产生纷繁复杂的"计算式形状(Computational Shapes)"。

·"部分"是指通过提取、抽离原始形状 $x$ 的"部分"来创建新的形状。

$$x \rightarrow prt(x) \tag{5-3}$$

·"变换"是指通过变换(如移动、旋转、翻转等)初始形状 $x$,来创建新的形状。

$$x \rightarrow x + t\,(x) \tag{5-4}$$

·"边界"是对初始形状 $x$ 的轮廓或边界进行提取,以得到新的形状。

$$x \rightarrow b\,(x) \tag{5-5}$$

通过以上三个公式的各种排列组合,"形状语法"可以创造出各式各样丰富而复杂的新形状方案。

在本研究的开始阶段,我们根据"形状语法"对"图形设计"子空间中的"图形"视觉元素进行设计概念的发散。我们以中国山水画[186]为初始形状 $x$,作为计算设计的输入变量,从画面的视觉元素中提取"部分"和"边界"来创造新的形态,如图 5-5 和图 5-6 所示。然后,我们使用参数化设计工具,以一系列"形状语法"作为"图形设计子空间"的规则系统进行计算设计迭代,得到了一组新颖而有趣的形状设计方案,详细过程如图 5-5 和图 5-6 所示。在得到方案 A 和方案 B 的迭代数字设计新形状后,我们采用类似的变形方式,将新的数字形状按"图层"分为不同层,其中方案 A 中有 18 层,方案 B 中有 20 层,接下来,我们使用透明底片将每一个图层上的形状内容打印出来,并按照图层排列顺序平行阵列所有图层并组装,最终得到如图 5-5 和图 5-6 所示的具有纵深感的 2.5D 山水元素数字设计。在这两个方案中,通过形状图层的平行阵列与重叠,完成了设计形状元素从 2D 到 3D 的转换,并使用了一系列形状语法变形操作,如方案 A 中的 $t_3 \sim t_{20}$,以及方案 B 中的 $t_1 \sim t_{20}$。

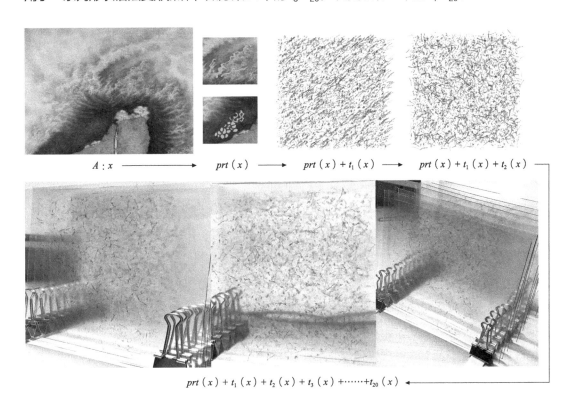

$A:x \longrightarrow prt\,(x) \longrightarrow prt\,(x) + t_1\,(x) \longrightarrow prt\,(x) + t_1\,(x) + t_2\,(x)$

$prt\,(x) + t_1\,(x) + t_2\,(x) + t_3\,(x) + \cdots\cdots + t_{20}\,(x) \longleftarrow$

**图 5-5　通过形状语法"部分 $prt\,(x)$"进行初步设计探索**

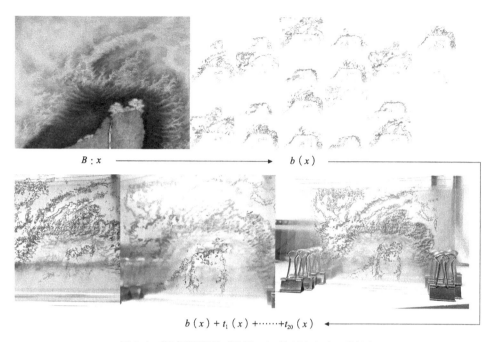

$$B : x \longrightarrow b(x)$$

$$b(x) + t_1(x) + \cdots\cdots + t_{20}(x) \longrightarrow$$

**图 5-6　通过形状语法"边界 $b(x)$"进行初步设计探索**

在接下来的步骤中,我们提取了山水画画面内容以外的形状元素,例如中国画的画卷卷轴。此外,我们还提取了绘画中波浪和纹理元素背后的抽象数学公式,作为形状语法规则系统中的一个具体的形状变换方法,即"阻尼正弦波函数,见公式(5-6)",通过它我们可以在设计空间探索过程中不断调节波函数的参数以控制波纹数字形态,设计空间规则系统参数的可调性不仅为"计算式设计"提供支持,也为后续的量化优化设计提供了前提条件。至此,我们又完成了两个设计模式的转变:即"从 2D 图形形状到 3D 形态实体",以及"从定性视觉创作到定量美学计算"(参见图 5-7)。

$$y = \left(\frac{1}{2}\right)^{\left(\frac{x}{h}\right)} a \sin\left(\frac{2\pi x}{w}\right) \qquad (5\text{-}6)$$

我们可以使用 3D 打印或数控精雕技术来完成方案 C 中复杂而具象的数字雕塑的制作,但是这些具象雕塑并不是我们的研究所追求的,具象的复杂雕塑与东方艺术所强调的"空虚、空白"极简主义的美学风格背道而驰。感性的形状叠加运算其结果大概率是复杂和繁缛的,因此,我们决定从"阻尼正弦波函数"这一形态表象背后的数学规律性本质入手,探索极简主义的机器美学风格和低成本制造技术要求的落地设计。在图 5-7 下半部分所示的过程中,我们通过"形状语法"逐渐简化具象的形式。经过 6 个步骤的转换:$t_3 \sim t_8$,我们得到一个具有抽象纹理的曲线实体,抽象的纹理位于曲线立方体的两个主要的面上:一面是由"正弦波函数"生成的波浪纹理形态,另一面是在波浪纹理形态的基础上添加了"柏林噪声"算法的具有硬朗造型风格的岩石纹理形态。

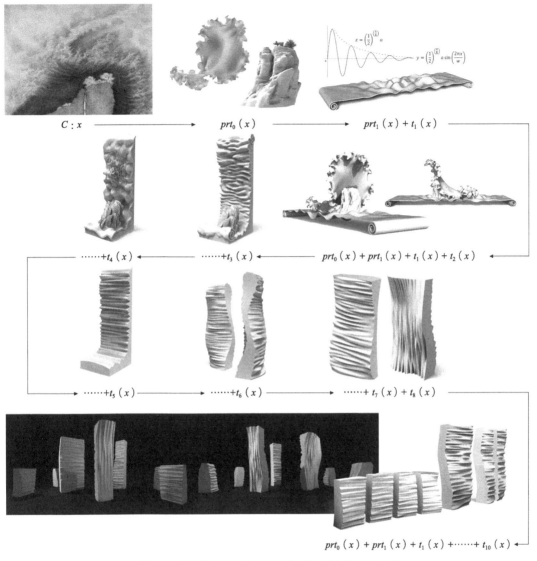

**图 5-7　通过形状语法进行量化美学计算得到的设计形态**

在接下来的形态计算中，我们将实体复制了一份，然后将复制后的实体分割成 6 块大小不同的小实体，算上已有的最初的实体，我们最终得到 7 块具有抽象波纹的曲线实体。这 7 块实体的造型与表面纹理具有"自相似性"，因为它们来自同一个母版，并保持着与母版实体相同的外轮廓造型。因此，我们可以构建一个展示设计空间，其中有 7 个实体展品，且这 7 个展品具有相似的美学风格和形态特征。既然有了 7 个实体作为视觉系统中的"图形"，那么在"图形"周围的空地就形成了"地面"。至此，我们已经搭建了一个初步的"图形—地面感知"视觉系统，我们具有了构成该系统的视觉元素，换言之我们具有了中国画中的图形元素，抑或是枯山水中的岩石。在进行"地面设计"子空间的探索和优化之前，我们需要完成"图形设计"

子空间的机器美学优化。

2）机器美学：制造优化

如上文所述，我们使用"阻尼正弦波函数"作为"形状语法"来生成水纹理形态，并添加"柏林噪声"算法，生成岩石的纹理形态。因此，"阻尼正弦波函数"是形态优化计算的一个数学基础，它可以转化为一个可调参数系统，进而构建一个带有优化参数和优化目标的设计空间，以进行优化计算设计，搜索最优设计方案。

我们计划使用机械臂"热线切割（Hot Wire Cutting）"技术和泡沫塑料材质来进行最终设计的数字制造，"热线切割"技术对于我们的项目来说是高效和低成本的。此外，其简单的运行机制和极简主义风格的机器美学，是一个完美的技术实现方式，来诠释东方艺术的"虚空、寂静"的美学特质。我们想找到一种类似于中国画毛笔的数字化艺术创作工具：纯粹而简单，且成本低廉，而不是一种高成本的、可以处理各种复杂形态的多功能数控机床。

"热线切割"技术的成型方式是用一根直线拟合双曲面造型，其成型方式带有局限性，特别是对于有机或非线性的双曲面形态，然而，正是因为这种机器加工的局限性才使得机器制造出来的形态具有了一种特殊的美学：即"机器美学"，设计形态的部分造型特征是由机器的局限性创造出来的。"机器美学"的本质是机器参与设计形态创造的过程，经过机器加工的形式具有某种特殊的加工工艺的形态特征，这种形态特征不是人为设计的，而是机器制造过程中机器工艺留下的自然结果。"热线切割"的加工过程其实是对设计形态进行二次创作的过程，经过加工的形态将会变得更为极简。东方艺术，譬如中国山水画，也是运用一只简单的毛笔和单色的墨水，以极为抽象和极简的语言来呈现复杂、生动、具象的事物，这就是东方艺术"空性"所追求的"少即是多（Less is more）"的艺术效果，即艺术品提供的具体内容越少，带给欣赏者越多的"惊喜"和"香农信息"，及更佳的美学体验。

在我们的"图形设计子空间"中，有两个基本部分，第一部分是上述的"形状语法"规则系统，其中有两个主要的形状规则算法：一个是"阻尼正弦波函数"，另一个是"柏林噪声"。第二部分是"机器美学"优化程序，我们应用 KUKA|prc 插件提供核心算法，帮助我们对当前的数字形态的制造可行性进行分析，并反馈测试形态中出现的错误信息，以便我们在第一部分进行调整。因此，我们可以根据第二部分优化给出的反馈信息，不断调整第一部分规则系统中的参数，并将优化后的数字形态再次输入到第二部分，经过反复迭代后，最终得到可用于热线切割技术制造的最佳设计形态和 KUKA 机械臂的工作路径（图5-8）。

在数字制造实施之前，我们经过多次上述的迭代设计优化过程，反复调整规则系统参数，以确保通过热线切割可以将数字形态实现、制造出来。同时，立方体表面的两种纹理形态，也伴随着机器美学的迭代优化过程，不断变化和完善，如图5-9所示，从A1到A6是水纹理的优化过程，B1到B6是岩石纹理的优化过程。最后，我们使用机械臂热线切割以及塑料泡沫材质对"纹理雕塑"进行数字制造加工。

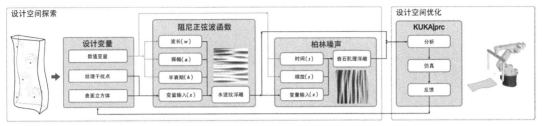

**图 5-8　热线切割"图形设计子空间"的数字形态纹理优化**

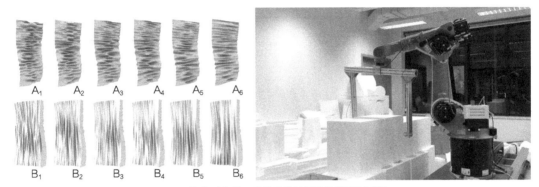

**图 5-9　数字形态纹理迭代优化结果及热线切割过程**

## 3. 地—设计子空间

### 1）图—地视知觉优化思维

如前文所述，"图形—地面感知"是接受美学的认知心理学本质，也是"地面设计"子空间优化原则的重要参考。唐德等人[166, 183]将"图形—背景感知"的概念和方法应用于日本龙安寺枯山水布局设计规律的研究。他们使用"中轴变换（MAT）"模型作为视觉结构分析工具，探索枯山水中"岩石"与"白沙"之间的布局构图，通过 MAT 的视觉分析，计算出了布局设计中的隐式视觉结构，见图 5-10（a），发现整体视觉结构是一个以二叉分枝自相似结构所构成的树形结构，该树形结构从枯山水景观区域（岩石、白沙）向寺庙建筑物阳台的主观赏区（图 5-10a 中红色方形区域）汇聚。在整体树形结构中，每一组主枝和次枝均具有自相似的"二叉分支"结构模式，整体树形结构的"树干"靠近观景台上欣赏枯山水景观的首选区域中心点（图 5-10a 中圆圈位置），沿着树形结构的"树干"欣赏枯山水景观区域，会为观众提供关于枯山水景观场景的最大"香农信息"。他们还认为，这种无形的设计、视觉隐式结构，可能是日本枯山水布局构图中的固有特征，正是这种固有特征创造了日本枯山水艺术的视觉吸引力。

因此，在我们的研究中，提出了一个假设：即上述视觉结构的设计法则，MAT 模型的树状自相似结构规律，或许可以应用于本研究的"地面设计子空间探索"，进而发展出一套通

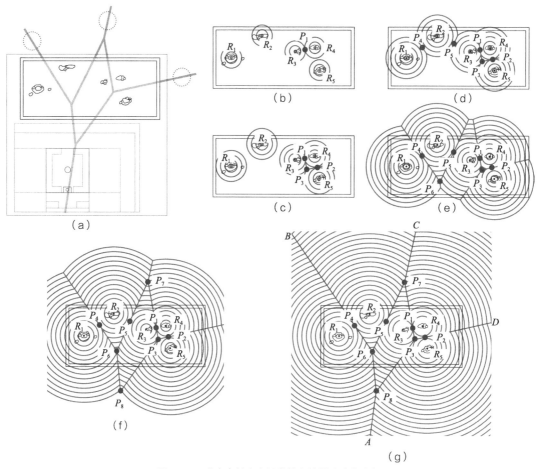

图 5-10 龙安寺枯山水视觉信息能量流动态分析

用的展览设计布局优化方法,特别是用于展品较多(例如,大于 5 个)的展示空间。同时,MAT 模型是一个理想的定量分析工具,可以在"计算式设计空间"中进行参数化操作,进而进行展览布局的优化设计。唐德等人的工作揭示了东方艺术背后的隐藏模式,我们的研究就是将这种隐藏模式应用到可量化的"计算式设计空间"中,从而进行可量化的优化设计计算与迭代设计应用。

2)"中轴变换(MAT)"模型

MAT 模型的算法逻辑与"泰森多边形(Voronoi)"模型相似[187],我们使用参数化设计软件 Grasshopper 中的 Voronoi 功能模块复现并重建了唐德团队《自然》期刊论文中的 MAT 模型。以枯山水花园中五组岩石簇的五个平面位置坐标作为 Voronoi 算法组件的五个随机点坐标输入,使用一个较大的矩形边框代替花园的白沙区域边界作为 Voronoi 多边形模型的边界,从而生成了一个更完整的树形视觉结构(见图 5-10)。我们发现在唐德团队的论文中所绘制的 MAT 模型只是整个树形视觉结构的一部分,因为他们以花园"白沙"的边缘作为 MAT 模型的边界框，故而丢失了很多模型信息。在绘制完成一个完整的树形视觉结构模型后，我们发现除了那一支穿过最佳观看点区域的"树干"外，整个模型中还有另外三个"树干"指向其他三个不同方向，它们的"树枝"都会聚在花园中心位置［图 5-10（a）］。所以问题来了：其他三个"树干"是否也会穿过三个"最佳观察点"？是否也会为位于最佳观察点的观众提供最大的"香农信息"？换句话说，我们是否能通过这三个分支，找出另外三个潜在的"最佳观察点"？［如图 5-10（a）中的虚线圈］

　　为了回答上述问题并找出"最佳视觉结构"的建构规律，我们在参数化软件 Grasshopper 中进行了视觉信息扩散的流动动力学模拟及其规律分析。首先，我们需要了解 MAT（Voronoi）模型的几何生成原理：①想象一个平面区域中有许多随机点，称为 Voronoi 模型的控制点；②以各控制点为圆心画圆；③调整各圆的半径，使它们同时变大；④随着这些圆变大，它们逐渐相交；⑤当圆与圆相交时，它们并没有互相穿越对方，触碰到一起的圆弧逐渐被挤压，圆弧被挤压后重合并变成直线；⑥最后，当所有的圆弧都重合变成直线段时，MAT 模型就构建完成了。

　　如图 5-10（b）至图 5-10（g）所示，我们将上述 MAT 视觉结构模型生成的动态过程应用于龙安寺枯山水花园布局设计的规律研究，即以图 5-10 中五个岩石簇为控制点（$R_1 \sim R_5$）进行该五个点所产生的视觉信息能量流动分析。首先，以 $R_1 \sim R_5$ 为五个圆心画同心圆，由这五个点生成的同心圆可以代表五个"图形（Figure）"同时发出的"视觉信息能量波"。在"视觉信息"开始同时向外扩散的初期，五个"能量波"相互独立，没有相交。随着能量波继续同时向外扩散，出现了第一个交点 $P_1$，$P_1$ 点可以从点 $R_3$ 和点 $R_4$ 获得等量的能量［见图 5-10（b）］，因为 Voronoi 多边形的"中垂线"性质：Voronoi 多边形上的点到相邻的控制点距离相等。紧接着，点 $P_1$ 转变成 $P_1$ 线段，$P_1$ 线继续延伸与 $P_2$ 延长线相交于点 $P_3$，点 $P_3$ 是三个能量波（Voronoi 多边形）的交点，同样按照 Voronoi 的"中垂线"性质：点 $P_3$ 可以从三个点 $R_3$、$R_4$ 和 $R_5$ 获得相同的能量［见图 5-10（c）］。在下一阶段，控制点 $R_1$ 和 $R_2$，以及控制点 $R_2$ 和 $R_3$ 向外扩散的能量波都形成了相交点，它们分别是点 $P_4$ 和点 $P_5$，随着能量波的继续扩散，相交点 $P_4$、$P_5$ 逐渐开始延伸到相交线 $P_4$、$P_5$［见图 5-10（d）］。

　　Voronoi 的定义之一，即我们上文提到的"中垂线"性质，是 Voronoi 多边形的任意一条边上的任意点与该边相邻的两个多边形单元的控制点的距离相等。因此，在我们的模拟中，这种距离的相等可以理解为获得相同的能量。每一条相交边都代表了两个相邻控制点能量的汇聚，它们从初始相交点出发，逐渐向相交边两端的两个方向延伸。其中，在图 5-10（e）中，$P_3$ 线是 $P_1$ 线和 $P_2$ 线的会合线，因此它代表了来自 $R_3$、$R_4$ 和 $R_5$ 三个点的能量汇聚。同时，$P_3$、$P_4$ 和 $P_5$ 三条能量汇聚线都有向同一方向延伸的趋势，这一方向正是图 5-10（a）中红色矩形的位置，也是枯山水花园原则上的最佳观赏点。在此基础上，可以推测图 5-10（a）中的红色矩形（或图 5-10（g）中的主干 $A$）应该是五个控制点的能量汇聚点。在图 5-10（f）

中，每条能量汇聚线继续延伸变长，$P_4$ 和 $P_5$ 线在 $P_6$ 点相交进而延展为 $P_6$ 线，$P_6$ 线在 $P_8$ 点与 $P_3$ 的延伸线相交。$P_8$ 点是最大"香农信息"点，$P_8$ 点汇聚了 5 个控制点的全部能量的最大值，当 $P_8$ 点开始向直线延伸时，在 $P_8$ 点之后的汇聚线上，随着距离越来越远，能量会逐渐衰减。最后，在图 5-10（g）中，所有的主干和整个树形视觉结构都形成了，动态模拟了整个视觉结构的形成过程，我们可以得到四个主干 $A$、$B$、$C$、$D$ 的视觉信息能量大小比较：①主干 $A$ 的能量最大，这是来自所有 5 个控制点的能量；②主干 $C$ 排在第二位，因为它是 $R_2$、$R_3$ 和 $R_4$ 三个点的能量的汇聚；③主干 $B$ 和 $D$ 并列第三，其中主干 $B$ 从 $R_1$ 点和 $R_2$ 点获得能量，主干 $D$ 从 $R_4$ 点和 $R_5$ 点获得能量。

在上述视觉信息能量扩散模拟的基础上，通过进一步分析，我们得到了最优 MAT 视觉结构的优化规律：首先，树形结构中的"树干"，即主干结构，可以获得更多的视觉信息能量。"树干"上的点比 MAT 模型上的其他位置可以提供更多的信息能量，因为即便是能量大小排名最低的"树干"也至少是两个相邻控制点的能量汇聚线，如果有更佳的局部树形结构，主干对应的获取能量的控制点数目就会更多。第二，收敛的 Y 形局部分支结构。Y 形结构是二分分支结构，其中两个二级分支与一级分支延长线成锐角（与第一级分支本身夹角成钝角）。如图 5-10（g）所示，"以线 A 为树干的树形结构"（简称"树 A"）中有三个 Y 形分支结构（分别为 $A$-$P_8$-$P_6$-$P_3$、$P_8$-$P_6$-$B$-$P_7$、$P_8$-$P_3$-$P_7$-$D$，以及 $\angle P_6P_8A$、$\angle P_3P_8A$、$\angle P_4P_6P_8$、$\angle P_7P_6P_8$、$\angle P_7P_3P_8$、$\angle DP_3P_8$ 均为钝角），主干 $AP_8$ 与第一级两个分支 $P_8P_6$ 和 $P_8P_3$ 构成第一个 Y 形结构，这两个第一级分支 $P_8P_6$ 和 $P_8P_3$ 又与四个第二级分支 $P_6P_4$、$P_6P_7$、$P_3P_7$、$P_3D$ 构成另外两个 Y 形结构。正是由这种自相似的 Y 形局部结构组成的树形结构使得能量从五个控制点沿着 Y 形结构的汇聚方向流向"树干"的位置。"树 C"中有一个 Y 形结构 $C$-$P_7$-$P_6$-$P_3$，所以"树干 C"可以获得三个控制点 $R_2$、$R_3$、$R_4$ 的能量。"树 B"和"树 D"中没有 Y 形结构，因此树干只能从与之相邻的两控制点"$R_1$ 和 $R_2$"以及"$R_4$ 和 $R_5$"获取信息。第三，沿树干开始的第一个分叉节点（如"树 A"结构中的 $P_8$ 节点）是该树形视觉结构中全局香农信息最大点。如上所述，在"树 A"中，在相交点 $P_8$ 获得的能量大于从"树干 A"上任意点获得的能量，从点 $P_8$ 到点 $R_1$、点 $R_3$ 和点 $R_5$ 的三个距离相等，而根据 Voronoi 的几何性质，主干 $A$ 上的点 $P_A$ 虽然到点 $R_1$ 和点 $R_5$ 的距离相等，但到 $R_3$ 的距离则比前两者更大，即 $R_3$ 点是 $P_8$ 点的相邻控制点，但已经不是 $P_A$ 点的相邻控制点了。同时，随着 $P_A$ 点沿着主干 $A$ 向远离 $P_8$ 点的方向移动，$P_A$ 点距离 5 个控制点的距离越来越远，能量接收路径的行程也越来越长，所能得到的能量信息也越来越少。同时，生活常识告诉我们，离一件视觉艺术作品越远，我们所能接收到的视觉信息就越少。因此，距离控制点越远，获得的视觉信息能量越低。

综合上述 MAT 分析，我们得出如下三个计算式量化优化原则：

（1）使树干数量最大化，并使其沿观察者路径均匀分布。

（2）最大化 Y 形结构的数量。

（3）最小化沿主干第一个二分关节点和观察者路径之间的距离。

3）优化目标

使用基于 Grasshopper 软件的多目标优化插件 Octopus[188] 进行"地面设计"子空间的探索和优化，该插件嵌入了以遗传算法为核心的迭代优化算法。其运行机制是通过遗传算法的循环迭代搜索目标函数的最小值。同时，我们参数化设计程序中的视觉结构（MAT 模型）是使用 Grasshopper 中的 Voronoi 算法模块绘制的，至此我们的设计空间规则系统已初步构建完毕，下面我们进行进一步的分析，将上一个步骤中得到的"优化原则"进行进一步简化、归纳，以构建和定义可以被我们参数化程序读取并操作的、具体的、量化的"优化目标"。

通过下面的分析，我们得到的结论是：在展示区域中至少有一个封闭的 Voronoi 单元，并且使该单元的面积最大化，满足这两个前提，上一步总结的三个优化原则可以很高概率地实现。例如，在图 5-11（b）中，矩形边框中有一个封闭的 Voronoi 单元，6 个主干结构环绕矩形边框均匀排布并指向各个方向，该结构布局更容易形成展览区域周围不同方向的视觉结构"树干"。

同时，"树干"呈放射状向外辐射的布局可以使得整体 MAT 视觉结构中，可以更大概率地出现更多的 Y 形二分结构，即内部封闭 Voronoi 单元多边形的每一个角点相邻两边线和角点外部连线可以形成一个有主干和分支的 Y 形结构。此外，如果我们最大化边界内封闭 Voronoi 单元的面积，如图 5-11（e）所示，则角点更接近边界，并且可以转化为潜在的第一个二分节点（最大香农信息点），靠近观察者路径。

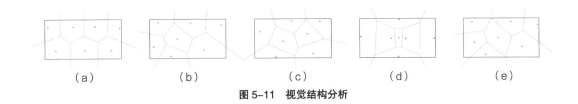

（a）　　　　　（b）　　　　　（c）　　　　　（d）　　　　　（e）

**图 5-11　视觉结构分析**

我们还发现，在 Voronoi 多边形模型中，"主干数（Number of Trunks，NT）"和"闭合单元数（Number of Closed Cells，NCC）"以及所有"控制点数（Number of Control Points，NCP）"在公式（5-7）中有如下关系。即 NT 与 NCC 呈负相关。

$$NT=NCP-NCC \tag{5-7}$$

为了确定展示区域边界内有多少个 Voronoi 闭合单元是最合适的，我们进行了更为具体的定量分析。在上一节中，我们通过"图形设计子空间"的探索，得到了七个展品，因此我们对由七个控制点组成的 MAT 模型进行分析，以找出更通用的"图形—背景感知"设计优化原则。因此，如图 5-11（a）～图 5-11（d）所示，我们根据由 7 个控制点构建的 Voronoi 模型在矩形边界内封闭单元的数量，穷举了所有可能出现的情况。

在图 5-11（d）中，在矩形区域中有三个封闭的单元，其中四个控制点分别对应矩形边界的四个边线，其余三个控制点集中在中心。这种情况下，矩形边界内的闭合单元个数"3"在所有可能的情况下是最大的。根据公式（5-7），封闭的单元数量越多，视觉结构中的"树干"数目就越少，故而"树干"数量最少的情况也是如此。通过观察我们还可以发现，在这种情况下，两条短边界线周围没有主干线穿过。此外，七个控制点的布局过于对称，缺乏自然美感，过于固定，无法形成其他替代方案。

另一种极端情况是，如图 5-11（a）所示，边界区域内没有闭合单元。根据公式（5-7），此时"树干"的数量等于控制点的数量，达到最大值"7"。然而，所有的第一二分支节点都位于展示区域的中心且远离边界（观众欣赏路线），以至于很难在合适的位置形成最大香农信息点，这也证实了我们先前的假设，即封闭单元更容易提供潜在的最大香农信息点。

在其余的选项中，"1"或"2"个封闭单元格，我们最终选择了"1"[见图 5-11（b）和图 5-11（c）]。第一，一个封闭单元可以给计算设计程序更多的容错空间。在一个特定的矩形边界中，通常会出现封闭单元不完全位于矩形框内的情况。例如，如图 5-10（a）所示，唐德团队论文中的 MAT 视觉结构具有一个封闭的多边形单元，但封闭多边形的上下两个角超出了矩形区域的界限。因此，如果以个数"2"为优化目标，计算机程序只会帮助我们搜索矩形中只有两个封闭单元的模型，这样就会丢失很多潜在的最佳视觉结构。第二，一个封闭单元的平面布局更为灵活，以及设计选择更为多样。"封闭单元"四周控制点的布局特点是"封闭单元"中心的控制点被其余控制点包围，而"非封闭单元"的布局特点是在中心位置有一个"空位"，周围的控制点包围这个"空位"。这两种特征都可以在具有"一个"封闭单元的视觉结构布局中找到，在具有"两个"封闭单元结构的视觉结果中很少出现。换言之，具有"一个"封闭单元的视觉结构是"没有"封闭单元和"双"封闭单元结构的"折中"，同时具有无封闭单元结构和双封闭单元结构的双重特点。

综上所述，我们得到了"地面设计子空间"的两个优化目标：

（1）使展览区域边界内的封闭单元数为"1"。

（2）使封闭单元的面积最大化。

同时，我们也得到了一个定量的评价标准：

即比较模型中 Y 形结构的数量。

4）多目标优化

接下来，利用参数化软件 Grasshopper 和遗传算法插件 Octopus 进行多目标迭代设计优化计算。在 Grasshopper 软件中，我们通过 Voronoi 算法构建了一个包含 7 个控制点的 MAT 模型，算法中用来随机生成 7 个控制点随机位置关系的随机种子变量取值范围为（$-\infty$，$\infty$），以穷尽计算出 7 个控制点的所有可能的位置关系，进而探索更多的 MAT 视觉结构布局的可能性。我们将"图形设计子空间"中的七个实体按体积从小到大的顺序依次排序，然后将矩形框内每个 Voronoi 单元的面积从小到大依次排序，进而把两个排序列表按顺序一一映射，将七个实体展品对应定位到相应的七个 Voronoi 单元多边形中。最后，我们在 Octopus 中设定了两个优化目标：一个是使边界内闭合 Voronoi 单元的个数等于"1"；另一个是使闭合 Voronoi 单元的面积最大化。至此，我们完成了"地面设计子空间"中的规则系统的构建。

接下来启动 Octopus 的自动迭代优化程序，当优化开始时，七个控制点自动移动，迭代搜索最优的 MAT 模型，使其能够拟合我们设定的优化目标。同时，七个雕塑也被合理地分配到相应的多边形单元中，使其体积与单元面积大小相适应。经过一段时间的迭代优化后，我们得到了一组优化设计结果，如图 5-12 所示，我们将封闭单元的面积大小作为排序分数，取排名前五名的方案进行进一步的分析和设计优化（表 5-8）。

优化得分排行榜前五名结果　　　　　　　　　　　表5-8

| 设计变量 | | 优化目标 | | 评价分数 |
|---|---|---|---|---|
| 序号 | 随机种子 | 封闭多边形数量 | 封闭多边形面积 | Y结构数量（非重复数量） |
| 1 | 23769 | 1 | 5748564 | 14（9） |
| 2 | 78220 | 1 | 5509449 | 26（15） |
| 3 | −54455 | 1 | 5461643 | 31（16） |
| 4 | 4945 | 1 | 5388481 | 8（8） |
| 5 | −97325 | 1 | 5173641 | 6（6） |

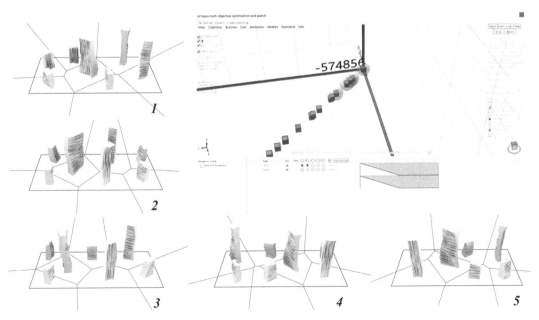

图 5-12　通过 Octopus 进行遗传算法得到的优化方案

在我们的量化优化体系中，除上述两个优化目标外，还有一个重要的"评价参数"是"Y形结构"数量。我们分别对前五名方案中的"Y形结构"进行了统计和标记（图5-13），发现"方案2"和"方案3"中的"Y形结构"明显多于其他三个方案（见图5-13）。同时,在"方案1""方案4"和"方案5"的视觉结构中存在不合理的"极短分支"（如图5-13所示的虚线圈），我们认为这些异常结构可能间接导致它们所在的整体视觉结构的不佳表现。因此，我们将在后续的优化程序中考虑每个边的长度阈值。

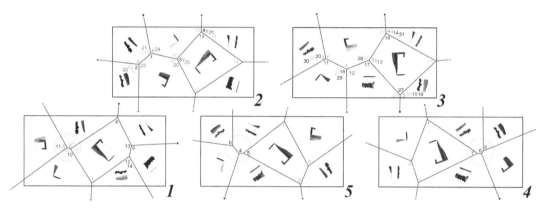

**图5-13  以"Y形结构"数量进行优化方案的设计评价**

5）布展实施

我们的项目入选2019年在中国国家博物馆举办的第五届艺术与科学国际作品展。博物馆中真实的展览场地，增加了很多限制条件，与我们上述概念性的设计空间截然不同，因此我们需要把这些限制条件全部加入到我们的设计空间中，以做到"数字双生"的"不在场"精准计算。首先，我们不再有一个全方位四面开放的展览区域，而是在展览区域后面有一堵背景墙，而且这面墙上连接着我们所在展厅的两个入口，作为游客的主要通道，两个入口距离我们的作品不远（图5-14）。其次，我们被要求在背景墙悬挂电视，以显示我们项目的详细视频信息。

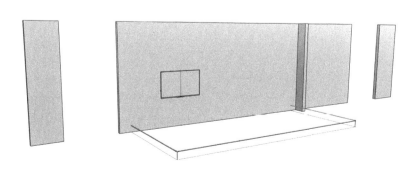

**图5-14  中国国家博物馆实际展览现场**

我们首先分析了第二个限制条件，即在背景墙上悬挂电视。这一变化对我们预先的计划有很大的影响，我们之前的展品一共有 7 件，即 7 个"图形（Figure）"，而目前，除了预制的七个雕塑作品，增加了一台电视，所以现在我们的展区内一共有八个"图形"。然而，根据"格式塔连续定律（Gestalt Law of Good Continuation）"，项目的奇数分组是连续律的首选，偶数分组会破坏连续律[183]。因此，在八个展品的基础上，我们增加了一幅合作艺术家的中国山水画作品，组成九个展品以满足奇数连续律原则，同时这幅画也是本展览的点睛之笔，形象和直观地告诉观众我们的创作根源，再加上电视的详细视频展示，可以更好地诠释我们的设计思维、理念和哲学。

至于背景墙的影响，首先，背景墙连接着两个入口，因此我们考虑如何利用这两个入口与展示空间中的视觉结构相互协调，从而吸引更多的游客在通过入口时会注意到我们的作品。其次，可以设定一个优化目标：展示作品的视觉结构其中有两条主干同时分别穿过两个入口，以建立视觉"信息交流通道"，从而使入口的位置能够接收更多的视觉信息能量。再次，七个雕塑中有三个高大的实体，很容易挡住墙上的信息（电视和绘画）。因此，我们选择其中两个"瘦高"的实体只能靠墙，当优化过程开始时，它们只能沿着墙左右移动。

除此之外，此时的九件展品可以分为两类，一类是摆放在地上的七个具有极简风格的白色泡沫三维抽象雕塑，另一类是悬挂在墙上的带着丰富多彩、生动的视觉及具象信息的二维展示平面（电视和绘画），两类"图形"相差迥异，不仅被放置的位置不同（地板和墙面），还有着不同的形态特征（三维与二维），传递不同类型的视觉信息（极简抽象与生动具象）。因此，我们决定将整个优化过程分为两个阶段，第一阶段采用与上一小节设计空间相同的规则系统与优化目标，对七个泡沫雕塑进行无约束条件的多目标优化。第二阶段是在第一阶段中七个泡沫雕塑的最优布局已经确定后，加入绘画和电视，根据博物馆展厅实际的约束条件增补、修改优化原则，并且在本阶段仅移动绘画和电视的位置，进行二次迭代优化，使得所有九件物品的视觉结构与布局处于最佳结果。经过上述两个阶段的优化，使得一个展览空间中会同时具有两组最佳视觉结构，对应两个不同版本的优化原则，一个是基于"图形—背景感知原理"的七个泡沫的无限制条件的"推测（Speculation）"版本，另一个是基于所有九个元素并带有真实场景中全部限制条件的"落地（Grounded）"版本，后者是前者的修订版设计。

根据以上两个阶段的工作流程计划，我们进行了最终的展览布局优化设计（图 5-15）。这两个优化阶段对应不同的优化目标和计算设计迭代方法。在第一阶段，我们定义了两个优化目标：其一是矩形边界内部封闭 Voronoi 单元的个数等于"1"；其二是最大化此封闭单元多边形的面积。在计算式设计空间的规则系统中，我们规定两个"瘦高"的实体只能沿墙左右移动，其余五个实体可以在展览区域矩形边框内随机运动，由随机种子变量控制。为了避免沿墙运动的两个实体发生碰撞或重叠，我们在计算设计程序中添加了一个"防碰撞机制"同时也是一个优化目标，即使两个实体的"边界盒子（Bounding Box）"的交点个数等于"0"（图 5-15 I）。经过一段时间的程序运行，我们得到了七个实体雕塑的布局优化设计，如图 5-15（1a）所示，

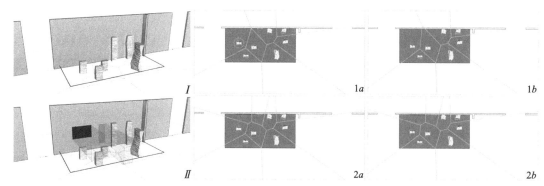

图 5-15　展示布局设计在布展实施前的最终优化

接下来在这个最优布局方案的基础上我们进行了第二阶段的计算设计优化。

在第二阶段的计算设计空间规则系统中，我们规定九个物件中仅新增的电视和绘画这两个物件（控制点）可以沿背景墙左右移动，其余七个雕塑的位置均保持不变。进行第二阶段优化的最终目的是使电视、绘画和七个雕塑所有九个物件所构成的整体视觉结构符合本阶段的所有优化目标。本阶段的优化目标，其中前两个优化目标与前一阶段相同。第三个优化目标是为了避免电视和绘画被前面展示区域中的雕塑遮挡，因此我们将电视和绘画的轮廓扩展为两个立方体（图 5-15），并设置优化目标为两个立方体与所有雕塑的"边界盒子"的交点个数等于"0"，从而在它们与雕塑实体相交、碰撞时进行校正。此外，我们还需要避免绘画和电视的相互碰撞，因此我们也为它们设置了防碰撞机制，即第四个优化目标：电视与绘画的"边界盒子"之间有"0"个相交点（图 5-15 $II$）。第五个优化原则是为了在与背景墙连接的两个入口处能吸引更多游客的注意力，所以我们设定的优化目标为：入口处的线段与 Voronoi 边（"树干"）相交点的个数最大化。最终，我们通过第二阶段的遗传算法迭代优化计算得到了最终的设计，见图 5-15（$2a$）。

最终优化过程的总结　　　　　　　　　　　　　　　表5-9

| | 优化目标 | 设计评价 | 迭代程序 |
| --- | --- | --- | --- |
| 阶段一 | $O_{11} = \min_{-\infty < s < \infty} \{ \, \mid NCC_1 \, (s) \, -1 \mid \}$ <br> $O_{12} = \max_{-\infty < s < \infty} \{ \, ACC_1 \, (s) \, \}$ <br> $O_{13} = \min_{0 < d_1 < 10} \{ \, NI_1 \, (d_{11}, \, d_{12}) \, \}$ | $O_{11} = O_{13} = 0$ <br> $\max\{ \, O_{12} \, \}$ <br> $\max\{ \, NY \, \}$ | 泰森多边形的七个控制点，其中五个点在矩形边界内随机移动，另外两个点沿墙的边界线段移动 |
| 阶段二 | $O_{21} = \min_{0 < d_2 < 10} \{ \, \mid NCC_2 \, (d_{21}, \, d_{22}) \, -1 \mid \}$ <br> $O_{22} = \max_{0 < d_2 < 10} \{ \, ACC_2 \, (d_{21}, \, d_{22}) \, \}$ <br> $O_{23} = \min_{0 < d_2 < 10} \{ \, NI_{21} \, (d_{21}, \, d_{22}) \, \}$ <br> $O_{24} = \min \{ \, NI_{22} \, (d_{21}, \, d_{22}) \, \}$ <br> $O_{25} = \max_{0 < d_2 < 10} \{ \, NI_{23} \, (d_{21}, \, d_{22}) \, \}$ | $O_{21} = O_{23} = O_{24} = 0$ <br> $\max\{ \, O_{22} \, \}$ <br> $O_{25} = 2$ | 将"阶段一"所生成的最优布局及相应的七个控制点的位置固定，增加"电视"和"国画"这两个沿墙移动的控制点，从而优化所有九个控制点所生成的整体视觉结构 |

上述优化过程的总结如表 5-9 所示。其中，函数 $NCC$ 是矩形边界内部封闭多边形单元的数量；函数 $ACC$ 是该封闭多边形单元的面积，两个函数都基于 Voronoi 多边形算法：在第一阶段，调节控制点随机位置的随机种子"$s$"作为设计变量，其变量取值范围为 $-\infty$ 到 $\infty$；在第二阶段，两个设计变量 $d_{21}$ 和 $d_{22}$ 分别是"绘画"和"电视"沿墙左右移动的距离，$d_{21}$ 与 $d_{22}$ 设计变量取值范围相同，均为 0~10m。函数 $NI$ 指的是"交点数量"：在第一阶段，$NI_1$ 是两个沿墙移动的雕塑"边界盒子"之间的交点数量，其中两个设计变量 $d_{11}$ 与 $d_{12}$ 分别表示两个雕塑各自沿墙移动的距离，变量取值范围均为 0~10m；在第二阶段，$NI_{21}$ 是七个雕塑和墙上电视和绘画的"延伸立方体"之间的交点数量，$NI_{22}$ 表示电视和绘画之间的交点数量，$NI_{23}$ 是入口处"门槛线段"和 Voronoi 边之间的交点数量，此阶段上述的所有函数均基于并共用两个相同的设计变量，即"绘画"和"电视"沿墙面左右移动的距离 $d_{21}$ 与 $d_{22}$，变量范围均为 0~10m。

在最终的展品布置之前，我们对整体布局设计作了最后一次优化调整，如图 5-15（1$b$）和图 5-15（2$b$）所示，我们移动了最左边的雕塑，使左上角的主分支（主干）与其两个次分支形成锐角，从而为整体视觉结构增加了一个局部 Y 形结构。虽然此时九个物件的视觉结构是合理的，但如果将绘画和电视隐去，则以七个雕塑为控制点的视觉结构的中心封闭多边形超出了上边界。不过，由于背景墙这一限制条件的存在，使得我们不必考虑视觉结构在上边界出现的这一结构问题。至此，我们完成了基于真实场景的布局设计优化，无论是从七个泡沫雕塑的角度还是从所有九件展品的视角，两组视觉结构都是最优的，我们将修订完成的最终优化设计方案作为展览实施的蓝图进行博物馆的布展。

6）展示设计实施结果

在正式实施博物馆展示空间的布展之前，我们进行了三组对照组实验，以测试我们的"计算式设计空间探索"的优化设计结果。我们邀请了两位建筑设计背景的合作设计师和一位中国山水画合作艺术家，进而通过他们的主观审美直觉以人工设计的方式，以本项目中的九个展示元素，布置了三个不同的展示空间，如图 5-16 所示。

在对照组中，方案一是三个相邻的大立方体，其中七个立方体元素被重组、融合为三个更大的元素。很明显，这个方案缺乏美感，且与我们所追求的接受美学的"召唤结构"及具有"隐藏模式"的构图背道而驰。三个大立方体简单而粗糙的布局并没有形成具有"图与地"巧妙构图的"视觉结构"和视觉欣赏体验的"惊喜"和"不确定性"，香农信息熵为"0"，未能给观众提供"信息交流通道"和"想象空间"。方案二由七个实体组成，虽然形成了空间结构及"留白"区域，然而，它的整体布局和视觉结构过于对称，从而消除了艺术作品的不确定性和自然美，难以形成足够的香农信息熵，同样无法带给观众惊喜和想象空间。第三个方案的设计者是国画艺术家，他在设计布局中加入了更多的随机性，整体布局效果确实得到了改善，没有了前两个方案中的沉闷和对称，观众也能从中感受到不确定性，同时也可以使人具有更多的想象

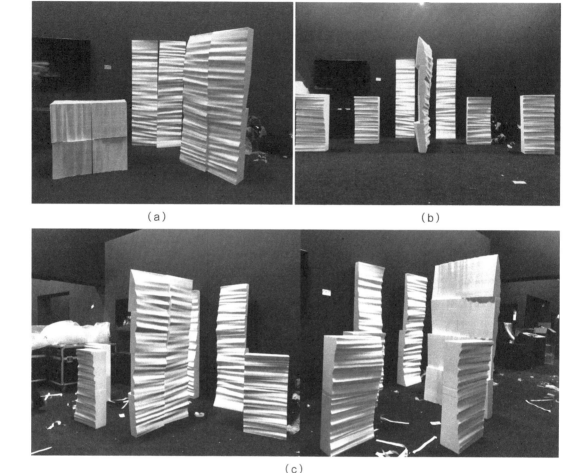

（a）　　　　　　　　　　　　　　　　　　　（b）

（c）

图 5-16　三个对照组方案

空间。然而，该方案也存在一些明显的缺点，例如，从图 5-16（c）的两个角度来看，每张图片中至少有两个物体被其他物体遮挡了 80% 以上，视觉信息的损失过大，同样降低了观众接收视觉信息和"香农信息熵"的机会。这就好比画家花费了大量的笔墨，但作画的笔墨和内容却重叠了，使观者无法识别画面内容，从而丢失许多重要信息，而且这种重叠的画面内容也不是画家最初想要表达的。此外，该方案的空间利用率也不理想，空间布局过于集中，"图形"与"地面"的比例局促。

在进行了上述对照组方案的实验和分析后，我们将本研究的计算设计优化方案付诸布展实施，如图 5-17 所示。与对照组相比，最终的优化设计方案有三个突出的优点。优点一：整体布局自然，不死板地追求对称形式，并且充分利用了展览空间。在对照组中，前两个方案有很强的人为痕迹，缺乏惊喜和不确定性，从而剥夺了观众对艺术作品的期望和想象。此外，三个对照组方案的空间利用率均低于计算设计方案。优点二：优化设计方案可以更好地将信

图 5-17　博物馆展览的最终效果

息传递给观众，按照香农理论的定义，即存在一个良好的信息交流通道。在三个对照组方案中，前两个方案将所有视觉信息暴露给观众，缺乏信息交流的惊喜和不确定性，香农信息熵等于"0"，而第三个方案隐藏了过多的信息，很多重要的视觉线索丢失，向观众传达了不准确和不完整的视觉信息。诚然，基于接受美学的"召唤结构"进行"信息交流通道"的设计，既需要隐藏一部分的信息以制造"惊喜"，又不能隐藏过多的、重要的信息，这确实是极为困难的工作。因此，"计算式设计空间"的优势在此问题上得以体现并充分发挥。在最终的计算设计方案中，除了两个穿过入口的特殊"主干"结构外，前面的三个主要的"树干"都满足获得最大香农信息的设计期望，当观众经过这三个通道观看展览时，他们可以接收到所有九个物件的视觉信息，另一方面，当观众从其他地方观看时，总是有一个物件被其他物件遮挡（图 5-18）。此外，三个"树干"沿观众的行走参观路径均匀排布，因此当观看者沿着参观路径观看展览时，会经历"可见"与"不可见"、"确定"与"不确定"、"想象"与"惊喜"之间的反复切换过程。优点三：计算优化设计方法比传统方法效率更高。我们可以在获得相关信息和数据的情况下进行"不在场"设计，通过"计算式设计空间"的探索计算得出最优的解决方案，最终按照优化的设计蓝图布置展示空间内的"预制"数字雕塑。

## 5.5.5 讨论与结论

### 1. 基于审美本质的东方艺术数字化再设计

目前已有的以东方艺术、中国画等为主题的数字设计项目，主要探讨了如何改进数字技术以求更逼真地模拟艺术创作技法和形式主义风格。林（Lam）和严（Yam）[189] 提出并设计了一个"中国画笔触仿真"算法模型，并进行了一系列数字艺术实验，该模型可以模拟中国古代著名艺术家和书法家的作品。姚（Yao）和邵（Shao）[190] 发明了一个可以画中国画的机器人，它可以模仿中国画艺术家的作画行为，并可以画水墨竹子。马（Ma）和苏（Su）[191] 提出了一个机器人汉字书法笔触生成的计算设计方法。大英博物馆通过一段沉浸式 3D 动画视频 [192] 探索了中国画卷的多重视角与身临其境。ChipGAN 算法 [193] 改进了风格迁移机器学习模型，使生成的计算机视觉作品具有更多的中国画风格。然而，这些研究项目仍然停留在具体的技法和形式层面，未能把握东方艺术及中国画的本质，即艺术表现技法和美学形式背后固有的隐藏模式。

东方艺术的本质是什么？是中国画独特的宣纸和画笔吗？抑或是日本枯山水中的岩石和白沙？我们之所以把中国山水画和日本枯山水这两者放在一起比较，就是为了避免我们把两者中某一个有形的元素看成是整个东方艺术的本质。中国山水画与日本枯山水的比较就是一个很好的例子，它们有着不同的媒介、材质，不同的工具、文化语境、艺术创作手法，甚至它们的空间维度也是不同的，一个是二维的图形绘画，另一个是三维的山水景观。然而，两者都遵循并坚持着同一个美学原则：接受美学，都具有空虚和不确定性的特征，这是它们共同的本质特征。正是在此基础上，我们可以运用数字技术工具和数字化的媒介，基于数字建造的材质等全数字元素进行数字化再设计，因为东方艺术的本质不是某一种工具或特定的媒介、材质。只要基于接受美学的本质不变，面目全非的数字化艺术作品仍然是东方艺术，仍然保持着东方艺术的神韵、气质、风格、精神。换言之，对于东方艺术本质的理解是数字化再设计的前提。

在本案例研究中，我们探索了东方艺术的"接受美学"本质，及其形式与风格背后的自然科学隐式模式和数学逻辑，并将其应用于"计算式设计空间"数字化东方艺术的再设计探索，进行了基于视知觉、心理学、香农信息原理的优化设计研究。在"图形子空间"的探索过程中，我们首先通过"形状语法"从中国画绘画作品中提取具体的形状、视觉元素，创作并得到了许多具象的形状创新设计，但很难通过这些具象形状进行进一步的设计空间探索和量化研究。

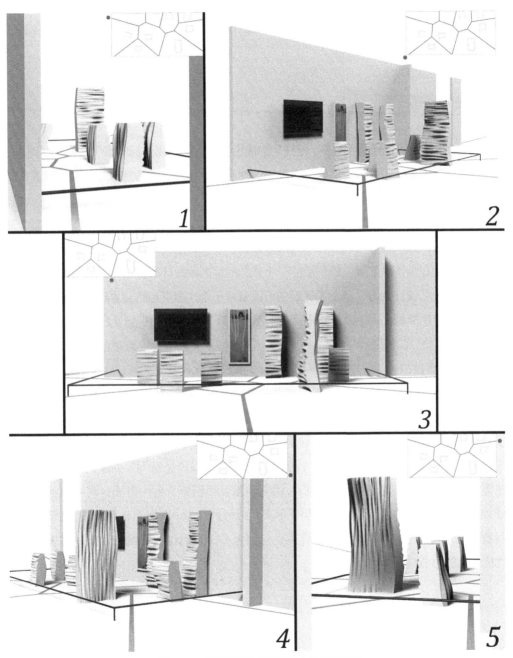

图 5-18　沿视觉结构主干的五个最佳观察点

因此，我们转而提取水波纹形状背后的"阻尼正弦波函数"作为一种可量化的形状语法，这是水波纹形式背后的数学逻辑和"造形"本质，从而构建后续的形状语法计算和机器美学优化过程的可量化和可操作的设计规则系统及设计变量。在地面设计子空间中，基于接受美学的自然科学本质：视知觉原理和香农信息论，采用"中轴变换"模型进行设计空间探索，并应用"遗传算法"进行多目标优化。

### 2. 美学优化问题

视觉、美学优化的设计案例很多，但成功构建合理的量化优化目标的案例却很少。骆（Lo）等人[194]利用感性工学和模糊评价建立了美学优化标准，并使用遗传算法基于该标准进行产品形态的设计优化。然而，他们建立标准所基于的感性词汇（平衡、对称、比例、统一、极简）仍然停留在基于感觉的表征和感性描述上。优素福（Yousif）等人[195]提出了一种将设计师的审美决策能力融入建筑设计优化过程的方法。然而，这一方法的评价体系仍然是建立在建筑师互动参与的主观审美判断之上。原研哉的"小米"品牌形象设计案例[19]采用定量的设计方法，定义了规则系统和设计变量，但在设计评估阶段依赖于个人美学经验和直觉。由此可见，美学问题的优化计算需要量化目标及参数来运行，然而主观审美决策和视觉美学性质很难量化[157]。

通过本案例研究的实践和探索，作者认为视觉、美学优化的难点主要有两个：一是设计空间庞大，约束条件少；二是主观决策不易转化为量化优化目标。本研究针对上述第一个难点，通过文献挖掘，探索东方美学在各学科层面的本质，寻找设计空间的约束条件及划分设计子空间的依据，通过"图形—背景"视知觉原理将整个设计空间划分为"图"与"地"两个设计子空间，从而为庞大的设计空间中加入边界条件，缩小可行解空间的范围。对于第二个难点，一方面，本研究利用视觉结构（MAT 模型）作为"地面设计子空间"的规则系统，结合香农信息理论，进行信息能量交流动态分析，得到定量优化目标；另一方面，利用形状语法作为"图形设计子空间"的规则系统，通过 KUKA | prc 分析得到优化设计。我们将主观和感性设计问题转化为具体的、定量的、可操作的优化目标，探索通过计算设计优化来解决美学、视觉优化问题的可能性。

# 5.6　本章小结

本章为数字形态学"计算"式设计空间研究，数字形态学也被称作数字人工形态，是指具有"认识论"属性的，基于"自上而下"的"造形"所获得的数字形态。在计算式设计空间的研究过程中，围绕"规则系统"的制定进行设计空间数字形态方案的探索，在"设计空间优化"阶段主要探讨形态的"视觉、美学"优化问题。

　　本章的设计实践研究中使用了一系列定义设计空间"规则系统"的方法，如"4D设计"，基于时间变量制定可以自行变化的规则系统，使用动画软件人工创造动力学模拟环境，初始几何模型受到动力学环境中各种力的共同作用，随着时间变量的持续变化，产生丰富多样的数字形态方案。另一种规则系统制定的方法是"形状语法"，基于设计师的主观审美决策与设计思维，以一种代数推演计算的方式创造出丰富的计算式设计形态方案。

　　本章的优化设计项目中"优化目标"的制定并非是完全凭借主观的想象，而是基于文献综述找寻基于设计研究问题的科学、理性、客观的自然科学与数学原则。本章中的优化设计案例，基于"接受美学"原则设计展示空间布局，通过文献阅读探究"接受美学"背后的自然科学与信息论本质，最终找到可以用来进行可量化操作的"中轴模型"作为展览布局优化设计的计算式设计空间规则系统，研究中的优化目标也是基于香农信息论进行信息能量流动实验后总结出的结果。

第 **6** 章

数字智慧形态"生成＋计算"式
设计空间案例研究

# 6.1 本章概述

前面两章分别对具有形态"本体论"属性的数字形态发生（数字自然形态）与具有形态"认识论"属性的数字形态学（数字人工形态）进行了基于案例实践的设计研究。本章的研究对象为上述两种类型形态之和，即：数字智慧形态（Digital Morphogenesis and Morphology），从其英文词条便可看出它是形态发生与形态学定义之和。数字智慧形态基于形态的"本体论"与"认识论"双重属性，其形成机制中既包含自下而上的"找形"又包含自上而下的"造形"，既包含"生成"又包含"计算"，因此其设计空间为"生成＋计算"式设计空间。

本章首先在第6.2节，探讨"生成＋计算"式设计空间探索与优化方法的应用细节。接下来，通过三组不同特征的典型案例，将案例研究部分分为三个小节（6.3，6.4，6.5）作具体的方法应用介绍：6.3节是基于"机器学习＋手绘"的设计空间"探索"实践案例研究，使用DCGAN先生成一个汽车车身设计的"模糊意象版"，然后作者再通过手绘完成模糊意象版中的未画部分，进而高效地完成汽车造型设计。6.4节是基于"机器学习＋计算"的设计空间"探索"实践案例研究，该案例是基于Pix2Pix GAN将两类图形进行转换，即由"黑白阴影"图像转换为"彩色具有特定信息的图像"，通过机器学习神经网络发现两者之间的微妙关系及隐式模式。6.5节是基于"机器学习＋评价"的设计空间"探索与优化"实践案例研究，先由8位设计师进行手调参数（一组方案12个参数）生成150个梦露大厦变体形态方案，进而让8位设计师对这150个方案进行评价，判断其与原版梦露大厦形态的差异程度，最后使用无监督学习ANN对这150组每组12个参数以及150个评分的数据进行机器学习，训练完毕后机器可以学会人给形态评审打分时的模式，当再有新的12个新数输入时，机器学习可以预测出8位设计师给该方案主观评价的分数。

# 6.2 "生成＋计算"式设计空间方法应用

"生成＋计算"式设计空间主要探讨"人机协同"的设计研究方法与工作流程。其中，"生成＋计算"中的"生成"性，体现在机器智能与计算机计算（Computing）上，尤其是基于"机器学习"的设计空间探索，机器通过数量庞大的训练数据集，以自下而上的方式挖掘数据与数据之间的隐式关系，经过反复迭代，从最底层单个数据之间关系的层面提炼出基于所有训练数据集的隐式逻辑关系,进而学得这种建构数据的方式。计算机计算是基于数据的"本体论"逻辑,从微观的数据到宏观的逻辑、从低维的二进制计算到高维的方法提炼与特征预测、自下而上的涌现过程。另一方面,"生成 + 计算"中的"计算"性,体现在人的智慧与人的计算(Calculating),与计算机的低维的二进制计算相比,人的计算是高维的,是灵感和直觉的迸发,人的计算来源于长期从事某领域的直觉和经验的积累。"生成 + 计算"本质上是两种智慧的总和,一种是基于形态"本体论"的自下而上的智慧,在本章中体现在基于人工智能的机器智慧,另一种则是基于形态"认识论"的自上而下的智慧,即人的智慧,在本章中体现在人的审美直觉与主观决策。

　　本章的三组设计实践研究案例均采用"机器智能 + 人类智慧"的模式:第一组"机器学习 + 手绘"项目,主要探讨的是"机器智能 + 人类感性智慧"的模式,探索机器智能与人类的审美直觉相互协同进行设计空间探索的方法;第二组"机器学习 + 计算"项目,主要探讨的是"机器智能 + 人类理性计算"的模式,探讨"生成 + 计算"式设计空间对于信息形态的理性分析能力与研究方法;第三组"机器学习 + 评价"项目,主要探讨的是"机器智能 + 人类'感性 + 理性'计算"的模式,人类擅长的主观决策问题,实质上是一种既包含感性的直觉、又包含理性的分析的能力,本例中尝试使用神经网络学习这种能力背后的数学逻辑,以使得神经网络可以获得主观决策能力进行自动化的设计评价,从而探索人机协同设计创新的新的模式与工作流程。

# 6.3 "机器学习 + 手绘"的设计空间"探索"实践案例

## 6.3.1 案例简介

　　"机器学习(Machine Learning,ML)"在艺术、设计以及创新活动中越来越被广泛应用。本案例以汽车造型设计中的概念创意阶段为例,探索将"机器智能"与人类设计师主观的"审美直觉"相结合的"计算机辅助设计"方法。在汽车造型设计的概念构思阶段,传统的设计流程是从大量概念手绘开始,探索车身造型方案的多种可能性。在汽车车身造型设计工作中,概念手绘对于汽车设计来说是必不可少的,这种手和心(眼)同步的概念创意技法,可以帮助设计师通过高效的设计思维和敏锐的审美直觉,快速产生大量的形态设计方案。

　　本案例利用"深度卷积生成对抗神经网络(Deep Convolutional Generative Adversarial Networks,DCGAN)[196]"在一个具有"1000 张汽车图像"的数据集的基础上,训练了一个"不完美"的汽车形态手绘草图"生成式设计空间"。因为"1000 张图片"的数据集对于 DCGAN 模型的训练是远远不足的，由于训练数据的不充分，使得训练后的机器学习模型生成的图像不完整且模糊不清。然而，这些"模糊的造型"却是理想的"手绘意象版"，设计师可以通过在这些"模糊形态意象版"的基础上，把模糊图像当成"画布"进行二次的手绘迭代设计，扩展设计空间。

作者通过自己的主观审美决策，从机器"设计空间"生成的大量模糊造型方案图片中选取了四幅图像，并利用它们作为"画布"进行"概念手绘"的迭代设计，很快获得了设计方案。与传统的"头脑风暴"概念发散方法相比，DCGAN 的"生成式设计空间探索"过程代替了设计师的脑力劳动，大大节省了设计师探索造型方案的精力。计算机负责"设计空间的探索"，设计师通过主观决策负责"设计空间的优化"，人与机器分工明确，各自负责自己擅长的工作任务。这种计算机辅助"出图"，人机交互协作"决策"的方法，大大提高了设计工作效率和设计方案的创新性。与"全自动化"机器学习生成设计相比，它最大限度地提高了"机器智能"和"人的审美直觉"的优势，同时也削减了大量数据集的构建成本。

该案例研究的工作流程大致为：①搜索和获取设计目标形态样式汽车造型数据集；②使用 DCGAN 进行 ML 模型训练；③通过设计师的主观审美决策，选取设计空间中的最优"初始造型方案"；④运用手绘设计的方式，对所选"初始造型方案"进行迭代设计，最终得到满意的方案。以上这个简单的工作流程，包括：头脑（看）、手和机器智能的共同协作。

## 6.3.2　设计空间探索

### 1. 生成对抗

本案例使用机器学习模型 DCGAN 进行设计空间的探索，DCGAN 是"生成对抗网络（Generative Adversarial Network, GAN）[197]"中的一种，属于"无监督学习（Unsupervised Learning）"的一种方法，它由两个神经网络构成，一个是"生成器（Generator）"，另一个是"判别器（Discriminator）"，生成器从"潜在空间（Latent Space）"中随机抽取样本作为输入，其输出结果需要尽量模仿训练数据集中的真实样本；判别器的输入则为真实样本或生成器的输出，其目的是将生成网络的输出从真实样本中尽可能地分辨出来，而生成器则要尽可能地欺骗判别器。两个网络相互对抗，不断调整参数，最终的目的是使判别器无法判断生成器的输出结果是否真实[198]。

GAN 中生成器与判别器"生成 + 判别"的对抗过程，其实是一个既包含"自下而上"又包含"自上而下"的过程，生成器从训练数据集中单个样本的层面学习如何生成这个样本，体现出"自下而上"的特点；判别器的任务则是从全局的角度做出评价，找出最好的样本，这是一种"自上而下"的方式。正是由于 GAN 的这种"生成对抗"的相互博弈的学习方式深受业内好评，在2016年一个研讨会上，计算机科学家、卷积神经网络之父杨立昆称GAN是"机器学习这二十年来最酷的想法[199]。"

GAN除了可以生成"无中生有的"图像，进行风格迁移、图像增强等计算机图形学操作以外，在探索"智慧形态"以及科学研究中也可以大显身手。例如，GAN可以改善天文图像[200]，并模拟"引力透镜（Gravitational Lensing）"进行"暗物质（Dark Matter）"研究。在2019年，GAN成功地模拟了"暗物质"在太空中的分布，并预测即将发生的"引力透镜"[201]。

GAN的学习过程大致可描述如下：设$\theta_d$是判别器D的参数，$\theta_g$是生成器G的参数。在每一次迭代过程中，先对判别器D进行训练，进而再对生成器G进行训练。首先从训练数据集中选取$m$个训练样本$\{x_1, x_2, \cdots\cdots x_m\}$，再从一个"噪声"数据集中选取$m$个噪声样本$\{z_1, z_2, \cdots\cdots z_m\}$。将噪声样本作为变量输入给生成器G，进而由G生成数据，生成的数据为$\tilde{x}_i$，即$\tilde{x}_i = G(z_i)$，获得生成数据集$\{\tilde{x}_1, \tilde{x}_2, \cdots\cdots \tilde{x}_m\}$。接下来，更新D的参数$\theta_d$将向量$\tilde{V}$最大化：

$$\tilde{V} = \frac{1}{m} \sum_{i=1}^{m} \log D(x_i) + \frac{1}{m} \sum_{i=1}^{m} \log [1 - D(\tilde{x}_i)] \qquad (6\text{-}1)$$

$$\theta_d + \eta \nabla \tilde{V}(\theta_d) \rightarrow \theta_d \qquad (6\text{-}2)$$

如公式（6-1）、公式（6-2）中所示，参数$\theta_d$以梯度递增的方式更新，$D(x_i)$可以理解为判别器给样本$x_i$打的分数，如果样本来自于真实图片的训练样本$\{x_i\}$，则最大化$D(x_i)$的值，鼓励判别器D给真实图片打高分；反过来，如果样本来自于噪声数据集$\{\tilde{x}_i\}$，则最大化$\log [1-D(\tilde{x}_i)]$的值，其相当于最小化$D(\tilde{x}_i)$的值，即抑制D给噪声样本打高分，鼓励其给噪声样本打低分。该训练的目的是训练其判断是否是真实图片的能力，为下一阶段生成器的训练作准备。

下一阶段是训练生成器。首先，从一个"噪声"数据集中选取$m$个噪声样本$\{z_1, z_2, \cdots\cdots, z_m\}$。更新生成器的参数$\theta_g$，最大化向量$\tilde{V}$，其过程的数学描述如下：

$$\tilde{V} = \frac{1}{m} \sum_{i=1}^{m} \log \{D[G(z_i)]\} \qquad (6\text{-}3)$$

$$\theta_g - \eta \nabla \tilde{V}(\theta_g) \rightarrow \theta_g \qquad (6\text{-}4)$$

在公式（6-3）、公式（6-4）中，参数$\theta_g$以梯度递减的方式更新，经过上一阶段训练完成的判别器G此时已经具备了分辨真实图片和虚假图片的能力，$G(z_i)$表示为由生成器G生成的虚假图片，所以生成器G训练的过程就是对判别器D"欺骗"的过程，当判别器判断生成器所生成的虚假图片是真实的时候，生成器G的训练就完成了。

## 2. 操作步骤

本例中DCGAN的代码来源于其原论文的源程序代码[202]。此外，本例中的汽车图片数据集来源于斯坦福大学的公开数据库[203]。作者从该数据集的 10 万张汽车图片中随机选取了 1000 张图片作为本案例的训练数据。操作步骤大致为：①处理数据。将图片格式全部转换为 RGB 模式，以备后续 Torchvision 进行读取。并且，将图片像素大小标准化到（64，64）。②使用 DCGAN 作为基本工作模式。③设定好"超参数（Hyperparameters）"，包括：数据载入器（Dataloader）、模型（Model）、路径损失参数（Loss Criterion）、优化器（Optimizer）。④接下来开始训练模型，作者设置了 1500 个 epoch，使用 Torchvision 存储生成器所生成的图片，可以在训练过程中实时查看训练效果。⑤用训练好的模型的生成器随机生成图片。

### 3. 手绘再设计

　　模型训练完毕以后，神经网络可以随机生成汽车图片，然而由于训练样本的有限性，生成的图片均为模糊的图片，只能看到一个大概的轮廓，看不出细节。换言之，本例中由机器生成的图片存在着"不确定性"。我们在上一章中花了大量的篇幅，专门讨论过艺术作品中的"空虚、空白、不确定性"，这种"不确定性"会激发欣赏者的共鸣，并且欣赏者会用自己的审美经验进行填补。这一过程也是"自下而上"和"自上而下"共同作用的结果，"接受美学"原理告诉我们，这种"不确定性"在美学中被称为"召唤结构"，观众的共鸣与主观填补来源于观众的"期待视野"，"召唤结构"以"自下而上"的方式，来激发观众的"期待视野"。这些充满不确定性的模糊方案，正是作者所需要的，能大致地看到一些轮廓和结构，但看不到造型细节，这样的内容从信息论角度来讲属于"香农信息"的最大化，有助于作者设计思维的启发。对于受过专业训练，长期从事手绘设计的作者来说，看到这样"模糊而清晰"的意象图，就有想动手"填两笔"在其上进行二次创作的冲动。

　　通过浏览 GAN 随机生成的形态方案矩阵，作者很快就找出了可以应用于手绘迭代设计的母版方案。如图 6-1 和图 6-2 所示，作者从生成器所生成的方案矩阵中选取了四个模糊方案进行手绘创意和汽车造型的再设计。通过数位屏，在"模糊方案"上进行作者自己的审美直觉与设计思维的"填补"。

## 6.3.3　讨论与结论

　　本案例首先应用 DCGAN 以"自下而上"的方式生成具有"不确定性"和"接受美学召唤结构"的模糊汽车手绘意象参考图，进而由作者以"手绘"加"设计思维"的"自上而下"的方式对意象参考图中的"未画空白"进行"主观填补"。其过程大大节省了传统设计流程中的"寻找参考图片"的体力劳动，以及"构思设计形态"的脑力劳动。而且，"模糊意象版"中的汽车形态方案均为机器学习 GAN 凭空生成，很难存在版权纠纷，除非训练样本严重不足，

图 6-1　机器学习生成模糊意象版

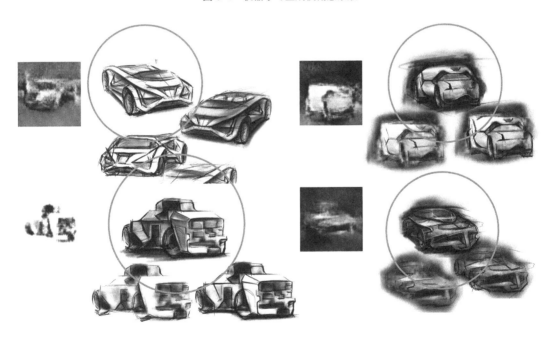

图 6-2　作者在模糊意象版的基础上进行迭代手绘设计

生成的意象图片可能会像某款现有车型的情况。

　　手绘设计对于工业设计，尤其是汽车车身造型设计意义重大，手绘设计仍然在行业内经久不衰的主要原因是因为它的创意效率高，本案例提供的方案可以让手绘变得更加高效和愉悦。设计师只需完成最重要的脑力创意阶段的工作，而把一些琐碎的体力劳动和重复性的脑力工作交给机器学习完成。

# 6.4 "机器学习+计算"的设计空间"探索"实践案例

## 6.4.1 案例简介

本案例[①]来源于作者参与的 2020 年同济大学"数字未来（Digital FUTURE）"工作营中的实践课程，课程名称是"创意 AI 生态 | 增强建筑代理（Creative AI Ecologies | Augmenting Architectural Agency）"，课程导师是来自"佛罗里达大西洋大学（FAU）"的丹尼尔·博洛詹（Daniel Bolojan）。课程中介绍了一个基于 Pix2Pix GAN 的案例，案例来源于"谷歌天窗项目（Google Project Sunroof）"，谷歌利用其自身的计算资源以及谷歌地图数据，帮助用户计算自己房屋屋顶全年中有多少阳光照射，以便帮助用户定制自己的太阳能电池板屋顶。谷歌计算房屋屋顶太阳能储能量的多少，是通过卫星地图中房顶的"阴影图像"与自己算法体系中的"能量图像"相匹配，从而计算出该屋顶能够转化多少太阳能。简言之就是只要有房顶的"阴影图"就能生成房顶的"能量图"，有了"能量图"就可以计算房顶的光伏能信息了。这个由"阴影图像"生成"带有能量信息的图像"背后的算法便是由 Pix2Pix GAN 实现的。进而我们在课程中复现了这个算法，并使用 Grasshopper 模拟制作出"阴影图像"与"带有能量信息的图像"，进而使用 Grasshopper 生成用于神经网络训练的成对数据集，并且我们在 Grasshopper 中定义了一套难以让人看出来的"阴影图"与"信息图"之间的映射关系，目的是为了测试 Pix2Pix GAN 能否通过"自下而上"的学习，挖掘出这一映射关系的逻辑。果然，机器学习训练完成后，当新的"阴影图像"输入，神经网络可以准确地生成与之相匹配的"信息图像"。

## 6.4.2 设计空间探索

### 1. Pix2Pix GAN

与上一小节的 DCGAN 一样，Pix2Pix 也属于 GAN 的一种，它是一种从图像到图像进行转化和翻译的方法。与上一节提到的 GAN 的基本构架与生成图像的原理一致，唯一不同的是 Pix2Pix 是一种"条件 GAN"，输出图像的生成取决于输入样本。Pix2Pix 中的判别器被提供"源图像"与"生成图像"，从而判断"生成图像"是否是"源图像"的合理变换。

---

① 版权声明：本案例来源于作者 2020 年参加的同济大学"数字未来（DigitalFUTURE）"工作营。

Pix2Pix GAN 已经在一系列图像到图像的转换工作中得到了应用，例如 Pix2Pix 原论文[204]中所列举的：将卫星图像转换为地图；将黑白照片转换为彩色照片；以及将产品草图转换为产品照片等。

## 2. 训练数据集

　　Pix2Pix GAN 对训练数据集的要求较高，"源图片"与"翻译图片"需要严格"成对"。我们使用 Grasshopper 制作训练数据集，如图 6-3 所示，在 Rhino 软件中调出一个俯视图视角，设定其尺寸为 256mm×512mm，刚好容纳尺寸为 256mm×256mm 的两张成对的训练数据图片，并且在 Rhino 中通过缩放使其无多余边框。进而，在 Grasshopper程序中对成对图片的"原图片"与"输出图片"进行定义。对于"原图片"，我们需制作出正方形的"黑白阴影"图片，对于"输出图片"，我们需要制作出正方形的"彩色信息"图片，且这种"彩色信息"需要和"黑白阴影"之间从"像素到像素（Pix2Pix）"之间具有某种"隐式逻辑"。我们在 Grasshopper 中构建两个一模一样的 3D 自由曲面，且可以通过调节"随机种子"生成不同的 3D 曲面的形态。得到 3D 曲面形态后，通过不同的规则系统赋予两个曲面不同的颜色，从而制作出成对数据集。如图所示，左边的曲面为训练图片中"原图片"的俯视图投影来源，在 Grasshopper 中将曲面转换为网格，然后对网格中的每一个单元赋予黑白颜色，并且相邻网格间的颜色过渡均匀，整体效果渐变且连续，黑白色阴影图片制作完成。

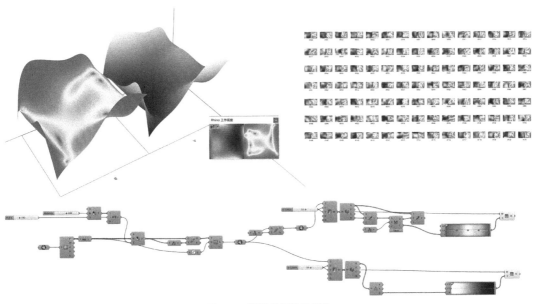

图6-3　训练数据集的制作

接下来是制作"输出图片",其俯视图投影来源为图6-3右侧彩色曲面,其色彩规则系统为:首先将曲面转换为网格,然后求每个网格的"法向量",接下来定义一个 Z 坐标单位向量,进而求该"单位向量"与曲面上所有"法向量"的"叉积(Cross Product)",使用叉积向量的"模长"通过彩色渐变模块定义网格面上每一个单元网格的色彩值,且相邻网格间的色彩过渡均匀且平滑。

将生成3D曲面形态的随机种子变量取值范围设定为0到499,且变量为整数,通过在"数字滑条(Slider)"上"生成动画(Animate)"的"4D 设计"的方法生成500张成对训练图片数据(见图6-3)。

## 3. 机器学习训练

接下来我们使用 Pix2Pix GAN 对具有 500 个样本的训练数据进行训练,我们基于 Google Colab 平台进行神经网络的训练,其操作步骤大致如下:①将训练样本数据集保存至 Google Drive,以备 Colab 进行调取。②安装训练所需要的库,如 Numpy、Torch、Pillow 等。③使用工作营导师博洛詹写好的程序直接调用训练程序,开始训练,总共训练 200 个 epoch。④使用 Matplotlib 库中的可视化组件,预览训练结果。⑤神经网络测试,输入测试数据,查看预测结果即神经网络生成的"彩色信息图片"是否与测试数据中的图片一致。如图 6-4 所示,中间名为"epoch200_fake_B.png"的图片,为神经网络的生成器在第 200 个 epoch 生成的虚假的(fake)彩色图片,左边名为"epoch200_real_B.png"的图片,为测试数据中的真正的(real)彩色图片,可见两个图片一样,说明神经网络性能良好。⑥测试无误,则神经网络训练完成,此时只需导入"黑白阴影图片",GAN 会自动生成满足于黑白阴影图片之间具有"隐藏模式"的"彩色信息图片"。

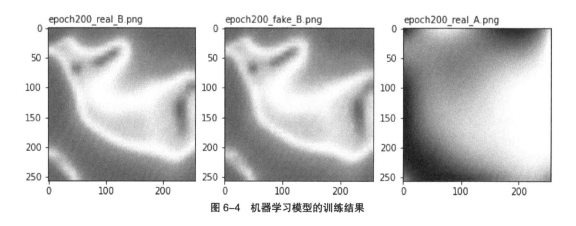

图 6-4　机器学习模型的训练结果

## 6.4.3 讨论与结论

本例是"生成 + 计算"式设计空间的方法应用,其"生成"性体现在神经网络对于 500 对"原图"与"信息图"的学习,以"自下而上"的方式,从数据与数据之间的关系入手,找出了"输出图片"与"原图片"之间的内在逻辑关系和隐藏模式。Pix2Pix GAN 善于找出图片与图片之间的隐藏模式及内在逻辑,作者想到前文提到过的"形态发生"鼻祖,生物学家达西·汤普森( D'Arcy Wentworth Thompson ),在他的著作《生长与形态( *On Growth and Form* )》[42],第 17 章关于"转换理论"的内容,即探索如何通过几何变换来解释生物的形态规律及其组成部分,如图 2-3 所示。这正是 Pix2Pix 的用武之地,可以让神经网络学习已有生物进化前后图片之间的变化逻辑,进而预测未来生物形态的面貌。

本例的"计算"性,体现在"彩色信息图片"中所包含的"自上而下"的人为设定的规则系统,在"谷歌天窗项目"中该规则系统要复杂得多,从黑白阴影图片直接得到"全年太阳光照射量"。本例中使用 Pix2Pix GAN 的机器学习预测策略,模拟谷歌项目中有阴影图片对于彩色图片的翻译。在本例中的上色规则是使用每个单元网格对应的法向量与垂直单位向量的叉积模数作为色彩渐变的参数。这种映射规则不通过机器学习从数据底层进行的自下而上的探索与挖掘,是很难通过其他方法得知的。

# 6.5 "机器学习 + 评价"的设计空间"探索与优化"实践案例

## 6.5.1 案例简介

本案例[①] 是作者参加的 CAADRIA 2021 会议工作坊中的实践课程,课程的名称为"设计中的 AI:使用神经网络模拟主观评价",课程导师是来自 WEsearch Lab[205] 的乔伊·蒙达尔( Joy Mondal )。课程中介绍了一个基于"监督学习"量化对设计原创性视觉感知的主观评价计算方法。案例中以 Mad 建筑事务所设计的梦露大厦( Absolute Tower )的数字形态作为研究载体,对其形态进行了参数化建模,并在设计空间中为其定义了 12 个设计变量,通过调节 12 个变量,可以在设计空间中生成不同的数字形态变体。通过使用数据收集表格,参与者被要求在"抄袭、很像、有点像、原创"四个选项中对设计空间生成的所有变体进行主观评价,

① 版权声明:本案例来源于作者参加的 2021 年 CAADRIA 国际会议工作坊。

与原始建筑形态进行比较，评价新的设计变体是否属于抄袭或者是原创。利用有限的设计空间数字形态方案，训练神经网络，将有限的设计空间方案的原创性水平映射到更大的设计空间。最后，使用训练好的神经网络模型，对新输入的 12 个设计变量组合进行评测。

神经网络的应用为"设计空间"多元设计方案的量化评估提供了可能。此外，在"众包数据（Crowd-Sourced Data）[①]"上训练神经网络标志着从由专家发布的自上而下的评估指南转向由最终用户发布的更具包容性的自下而上的评估。该方法可在未来被参与者用于评估其他主观标准，如城市安全感知、设计美学等。案例中使用参数化建模软件 Grasshopper 进行原始建筑形态的变体生成，使用 Google Colab 平台训练和运行神经网络。

## 6.5.2　设计空间探索

首先是设计空间的构建，本案例具有实验和探索性，目的是为了训练可以处理多变量设计空间量化评估问题的神经网络，因此以梦露大厦为载体，构建基于 12 个设计变量的设计空间，这 12 个设计变量为：plan_r1（层平面长度，取值范围为 [15.00, 25.00]）；plan_r2（层平面宽度，取值范围为 [10.00，15.00]）；crpt_weight（角点权重，取值范围为 [0.000，1.000]）；midpt_move（中点移动，取值范围为 [0.000，0.500]）；tot_rot（整体旋转，取值范围为 [0，720]）；rotstart_x（顶点 x 旋转，取值范围为 [0.000,0.750]）；rotstart_y（取值范围为 [0.000,0.750]）；rotend_x（取值范围为 [0.000，0.750]）；rotend_y（取值范围为 [0.000，0.750]）；bal_state（阳台类型："1: 有阳台"或"0: 无阳台"）；scale_top（顶部缩放，取值范围为 [0.010,1.000]）；scale_bottom（底部缩放，取值范围为 [0.500，1.000]）。

基于上述 12 个设计变量，构建"梦露大厦"数字形态的"规则系统"，该系统中包含 Grasshopper 的一系列变形模块，如缩放、旋转、位移等，以及数据结构处理工具等一些常规功能模块，目的就是通过"规则系统"构建出一个可以满足 12 个变量可调节的参数化模型（图 6-5）。该"设计空间"的目的就是为了生成一系列数字形态方案，因为每个形态方案对应 12 个设计变量，因此构成了可量化评估的因素。与本书第 4 章中的"人机工程学座椅"案例量化评估阶段的设计空间类似，该案例中每组座椅形态方案对应用于评估的 6 个"评价参数"。

在工作坊的课程中，所有学员共同参与，总共手动调节出 150 组（每组 12 个）不同的设计变量。至此，我们通过参数化建模以及手动调节参数完成了设计空间的探索，生成了 150 个"梦露大厦"变体的数字形态方案，且每个形态方案对应 12 个设计变量。接下来，我们要进行的就是本案例的重头戏，设计空间的优化，即设计评估。

---

① 众包指的是一个公司或机构把过去由员工执行的工作任务，以自由自愿的形式外包给非特定的（而且通常是大型的）大众志愿者的做法。

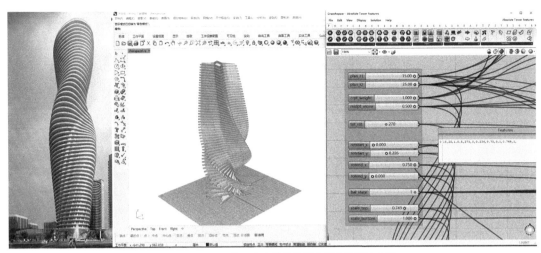

图6-5　基于12个设计变量的梦露大厦变体设计空间

## 6.5.3　设计空间优化

### 1. 主观评价

在进行神经网络的训练前，需要用于机器学习的原始评价数据，于是每位学员被要求以自己的主观认知对 150 个形态方案进行主观设计评价。评价的内容是考察 150 个形态变体方案与"梦露大厦"的原始形态是否类似，有四个选项可供选择：即"抄袭、很像、有点像、原创"这四个名词，分别对应四个数值即"0，0.33，0.67，1"（图6-6），当我们完成了 150 个方案的主观评价之后，在 Excel 表格中使用数值替换相应的名词。并且，将所有学员的评分取平均数，以减少单人评分时可能出现的误差。至此，我们得到了 150 个形态方案的每一个方案对原创性评价的得分。如图 6-7 中所示为 Excel 表格前 10 行，每组 12 个设计变量具有一个得分，得分越高说明该形态越接近原创，得分越低则说明该方案属于抄袭。

### 2. 监督学习

"监督学习（Supervised Learning）"是机器学习的一种方法，可以通过对于训练数据的学习，挖掘训练数据的内在逻辑，进而从中学到或建立一个函数或模式，并由此函数或模式推测新的数据[206]。训练数据是由"已知数据"和"预测数据"所组成，如本案例中的"已知数据"是"12 个设计变量"，"预测数据"是"评分（score）"。本例中使用监督学习的目的就是训练一个神经网络，该神经网络可以发现训练数据中每组"评分（score）"和所对应

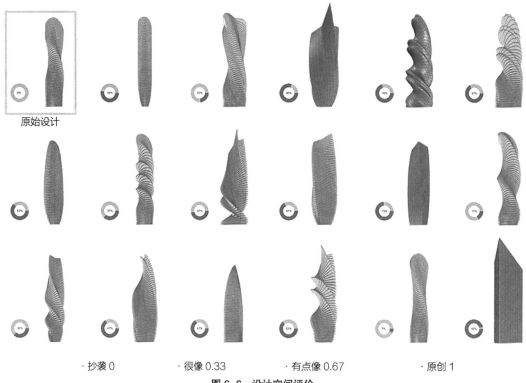

图 6-6　设计空间评价

| | plan_r1 | plan_r2 | crpt_weight | midpt_move | tot_rot | rotstart_x | rotstart_y | rotend_x | rotend_y | bal_state | scale_top | scale_bottom | score |
|---|---|---|---|---|---|---|---|---|---|---|---|---|---|
| 0 | 13.70 | 18.50 | 0.500 | 0.000 | 208 | 0.535 | 0.000 | 0.395 | 0.000 | 1 | 1.000 | 1.000 | 0.0000 |
| 1 | 13.70 | 18.50 | 0.500 | 0.000 | 720 | 0.535 | 0.000 | 0.395 | 0.000 | 1 | 1.000 | 1.000 | 0.5844 |
| 2 | 13.70 | 18.50 | 0.500 | 0.000 | 208 | 0.000 | 0.000 | 0.000 | 0.000 | 1 | 1.000 | 1.000 | 0.1010 |
| 3 | 15.00 | 25.00 | 1.000 | 0.000 | 0 | 0.535 | 0.000 | 0.395 | 0.000 | 1 | 1.000 | 1.000 | 0.9101 |
| 4 | 15.00 | 25.00 | 1.000 | 0.000 | 0 | 0.535 | 0.000 | 0.395 | 0.000 | 0 | 1.000 | 1.000 | 1.0000 |
| 5 | 13.00 | 22.00 | 0.500 | 0.000 | 0 | 0.535 | 0.000 | 0.395 | 0.000 | 1 | 0.500 | 0.500 | 0.6861 |
| 6 | 15.00 | 22.00 | 0.000 | 0.000 | 0 | 0.535 | 0.000 | 0.395 | 0.000 | 1 | 0.010 | 1.000 | 0.8301 |
| 7 | 15.00 | 22.00 | 1.000 | 0.000 | 0 | 0.535 | 0.000 | 0.395 | 0.000 | 0 | 0.204 | 0.597 | 0.9304 |
| 8 | 15.00 | 22.00 | 0.500 | 0.000 | 0 | 0.535 | 0.000 | 0.395 | 0.000 | 1 | 1.000 | 1.000 | 0.5990 |
| 9 | 15.00 | 22.00 | 1.000 | 0.000 | 90 | 0.535 | 0.000 | 0.395 | 0.000 | 1 | 1.000 | 1.000 | 0.7103 |

图 6-7　Excel 表格前 10 行

的"12 个变量"的内在逻辑和隐含的模式。当有新的设计变量输入时，神经网络可以预测人看到这组变量时所打的分数。

　　"监督学习"背后的数学原理是"线性回归（Linear Regression）"，"线性回归"的目标函数的求解方法是"最小二乘法（Least Squares Method）"。它是一种数学优化建模方法，通过最小化误差的平方以搜索最优函数。

　　我们在 Google Colab 平台上进行神经网络的训练，其大致步骤为：①导入用于数据分析与数据可视化的库，如"Pandas"和"Matplotlib"等。②将 Excel 表格以后缀".csv"保存，并导入到 Colab 程序中。③读取数据，并进行一些数据分析以及可视化。如图 6-8 所示，是对评分数据 score 数值分布的可视化，可以看出大家的评分基本属于一个"正态分布"，平均分为"波峰"0.8 分左右。如图 6-8 所示，是对 12 个变量与得分之间的"相关性"进行的可视化分析，矩阵中每一个方格对应一对变量，方格的颜色代表这对变量数据的相关性，颜色越红则代表相关性越强，颜色越蓝则代表相关性越弱，从矩阵中显示的结果可以看出有一些变量间的相关性是比较强的，如"rotstart_y"与"rotend_y"之间的相关性分数为 0.45；以及，"rotstart_x"与"rotend_x"之间的相关性分数为 0.25，均表现出较高分数，这说明设计师在调节参数的时候，考虑到了这两个变量数值的关系。还有一个发现是变量"midpt_move"与方案得分"score"的相关性较大，达到了 0.28 分，这说明"midpt_move"对于评价者的主观判断影响很大。④训练数据的预处理。通常将 y 作为因变量（标签），x 作为自变量（特征矩阵），本例中我们将数据分割为测试集和训练集，共创建了 4 个子集，分别为："x_train，x_test，y_train，y_test"，即使用"x_train 与 y_train"训练模型，用"x_test 与 y_test"测试模型。⑤接下来就是神经网络的构建。本例中使用 Keras 库中的模块构建 ANN 神经网络，定义层数和每层神经元数，使用 RMSprop 作为优化器，使用 Mean_Squared_Error（MSE）作为损失函数。⑥训练神经网络。使用 Keras 库中的 Classifier 训练神经网络，以发现训练数据中的模式，建立一个神经网络来复制这种模式，我们进行了 100 个 Epoch 的训练。⑦神经网络评测，判断神经网络是否能够准确地通过 12 个变量预测出"分数（score）"的值。本例中使用 Sklearn 库中的 MSE 与 r2_score 对神经网络进行评价。⑧最后，使用神经网络基于全新的设计变量进行新的得分的预测。

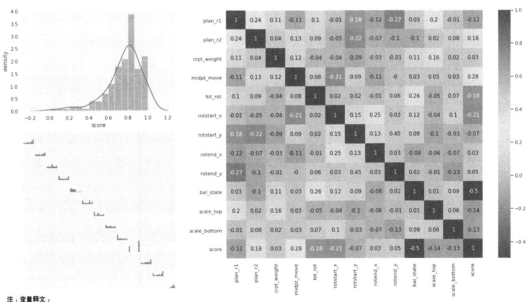

注：变量释义：
plan_r1（层平面长度）；plan_r2（层平面宽度）；crpt_weight（角点权重）；midpt_move（中点移动）；tot_rot（整体旋转）；rotstart_x（顶点x旋转）；rotstart_y（顶点y旋转）；rotend_x（终点x旋转）；rotend_y（终点y旋转）；bal_state（阳台类型）；scale_top（顶部缩放）；scale_bottom（底部缩放）；score（分数）；density（密度）

图 6-8　设计变量相关性分析

## 6.5.4　讨论与结论

本案例的核心内容为使用监督学习中的 ANN 神经网络，基于 12 个变量对方案"得分（score）"进行预测。本章所讨论的内容是"生成 + 计算"式设计空间，该设计空间既有"自下而上"的"生成"，也有"自上而下"的"计算"。在本例中，"生成"性体现在机器学习神经网络的"黑箱"机制，从训练数据中学习数据背后的"隐藏模式"，进而将这种"隐藏模式"作为输出结果的"规则系统"。我们尝试使用简单的数据可视化分析工具对数据进行关联性的分析，很难发现有价值的规律，更难挖掘其背后的隐藏模式。使用神经网络这种"自下而上"的方式，直接从最底层的数据入手，建立从"旧数据"到"新数据"的映射，基于"数据"的"本体论"，"自下而上"地"生成"新的数据。

接下来，我们再来看"计算"性，即"自上而下"基于"认识论"的主观计算，在前文中曾经讲过，"计算"一词内涵丰富，凡是"自上而下"的主观思考均可以称为"计算"，本例中工作坊所有学员经过"主观调参"后给出的 150 组设计变量及相应的 150 个形态变体就是一种"计算"，以及在这之后的学员对这 150 个变体方案进行的原创性"主观评测"也是一种"计算"。

本例中所评价的问题是"变体形态"是"抄袭"还是"原创"，其实是一个很简单的视觉形象相似度的问题，本例对作者的启发很大，作者认为此方法可以用于"美学评价"问题上，例如本章第一个"汽车设计"案例，当选定好最佳车身造型方案以后，可以将其构建为参数化模型，而且汽车的设计涉及很多设计变量，因此可以构建一个多变量的设计空间。如果变量太多，手动调节不方便的时候，也可以利用计算机生成随机数，而且计算机生成的随机数是海量的。假设一个汽车的车身全参数化模型涉及 100 个设计变量，这100 个变量的调解工作对于设计师来讲也是很困难的，因为很难兼顾变量与变量之间的关系，这个时候就可以运用计算机生成的方式生成设计变量，例如生成 100 组（每组 100个设计变量）车身造型方案。在得到这 100 组车身形态方案后，我们可以分成 10 份（每份 10 个方案）邀请 10 名用户或设计师对他们各自看到的 10 个车身方案打分，最后再将所有数据汇总，便得到了 100 组用户主观评价的分数。接下来便可以使用本例中的机器学习方法，先对已知数据进行训练，使得神经网络知道 100 个评价背后的模式是什么，进而用计算机再生成新的随机数，即设计变量，神经网络就会自己自动地给每组新的设计变量进行打分，而且遵循的是 10 个评价者的模式与逻辑。本案例中的方法对于简短设计周期及设计方案评审周期有着很大帮助。

# 6.6　本章小结

　　本章是基于数字智慧形态"生成＋计算"式设计空间，探讨人机协同设计创新的工作模式与研究方法，即人与计算机有合理的分工，计算机处理其擅长的"自下而上"的数据分析与挖掘的工作，人则解决人擅长的"自上而下"的主观决策与直觉性问题。

　　本章的三个设计实践研究案例采用"机器智能＋人类智慧"的方式，分别探讨人机协同设计创新的三种模式，即"机器智能＋人类感性智慧"采用 DCGAN 与设计师手绘相互结合的模式，用机器智能启发人的审美直觉与设计思维；"机器智能＋人类理性智慧"运用 Pix2Pix GAN 翻译两种类型图像，即：将单纯的自然阴影图像翻译为具有全年光伏能量信息的图像，进而帮助工作人员对该图像所对应的屋顶产生的光伏能以及总体成本，进行理性分析与计算；"机器智能＋人类'感性＋理性'智慧"则是采用 ANN 神经网络对于 8 位人类设计师对 150 组设计方案进行的主观评价的方式进行学习，从而学会这 8 位设计师进行主观评价时的规律，进而神经网络可以在不需要人参与的过情况下基于新方案的"设计变量"预测这 8 位设计师对该设计方案所给出的评价分数，进而达成自动化设计评测的功能，为人机协同设计提供新的方法与工作模式。本章三个设计研究实践案例环环相扣、层层递进，为人机协同设计以及数字智慧形态"生成＋计算"式设计空间提供理论贡献与方法创新。

第 **7** 章

后 记

本研究的研究问题为设计空间的探索与优化，研究对象为数字形态，以理论为基础、实践为驱动，"通过设计做研究（Research through Design，RTD）"的方式，针对三种不同分类的"数字形态设计空间"展开具体的理论与实践研究。在研究过程中逐渐形成了一系列研究结论与创新点，现总结如下。

# 7.1　设计空间的探索与优化

本研究参考了不同学科"设计空间"的定义与框架，结合本研究的设计研究与实践，提出了"设计空间"两大主要的研究问题：

（1）设计空间的"探索"。旨在设计空间中探索更多、更丰富的设计方案。

（2）设计空间的"优化"。旨在对于设计空间探索阶段得到的大量设计方案进行优化设计与最优方案的评价和选择。

此外，本研究还将设计空间庞大复杂的理论框架进行简化，总结并归纳出设计空间的三个要素，即：

（1）设计变量；

（2）规则系统；

（3）优化目标。

其中，规则系统又可按照上述设计空间两大研究问题的分类，分为："探索规则系统"和"优化规则系统"。

# 7.2　数字形态的定义与分类

根据马克思主义哲学自然观中第一自然（物质自然）与第二自然（人化自然）的分类，结合清华大学美术学院邱松教授基于"设计形态学"提出的第三自然"智慧形态"的概念，同时参考生物学中关于形态的"形态发生（Morphogenesis）"与"形态学（Morphology）"的分类，本书提出了三种自然的关系：第三自然是第一自然与第二自然定义之和，即"1+2=3"（图1-2）。

将上述概念扩展至形态研究领域，本书进一步提出了"数字形态（Digital Morphogenesis and Morphology）"的三个类别（图1-3），即：

（1）基于第一自然形态"本体论"的"数字形态发生（Digital Morphogenesis）"亦作"数字自然形态"；

（2）基于第二自然形态"认识论"的"数字形态学（Digital Morphology）"亦作"数字人工形态"；

（3）基于第三自然形态"本体论＋认识论"以及"控制论"的"数字智慧形态（Digital Morphogenesis and Morphology）"亦作"数字形态"。

其中，"数字智慧形态"是前两类形态定义之和，既包含基于形态"本体论"属性的"自下而上"的"找形"，又包含基于形态"认识论"属性的"自上而下"的"造形"。

# 7.3 数字形态设计空间的框架与方法

将"设计空间"的理论、框架与方法，应用于"数字形态"的三个不同的形态类别，得到三类不同的"数字形态设计空间"，即：

（1）"生成"式设计空间：基于形态"本体论"属性的"数字形态发生"，该设计空间探索阶段的研究侧重点为"设计变量"的获取，优化阶段的研究侧重点为"功能、性能"优化。

（2）"计算"式设计空间：基于形态"认识论"属性的"数字形态学"，该设计空间探索阶段的研究侧重点为"规则系统"的制定，优化阶段的研究侧重点为"美学、视觉"优化。

（3）"生成＋计算"式设计空间：基于形态"控制论"属性的"数字智慧形态"，该设计空间探索阶段的研究侧重点为"人机协同设计创新"中机器所发挥的作用，优化阶段的研究侧重点为"人机协同设计创新"中人所发挥的作用。

本研究针对三种不同类别的设计空间，进行大量案例实践研究，在实践中对理论进行验证、升华与创新，包括：

（1）在生成式设计空间中，使用传感器获取用户行为变量；使用数据集获取自然科学数据变量；使用人体特征图像获取用户身体特征变量。

（2）在计算式设计空间中，构建 4D 设计规则系统；基于形状语法和遗传算法构建接受美学规则系统。

（3）在生成＋计算式设计空间中，采用"机器学习＋人类智慧"的模式进行人机协同设计创新。

# 7.4　讨论

本研究所研究的"数字形态设计空间"囊括设计学领域中较为全面的问题，既包含"功能、性能"问题优化的数字形态发生"生成"式设计空间，又包括处理"视觉、美学"优化问题的数字形态学"计算"式设计空间，同时还包括处理"主观决策及人机协同"问题的数字智慧形态"生成＋计算"式设计空间。

相比于凯特琳·穆勒（Caitlin Mueller）教授团队，本研究的优势在于除了研究形态本体论与性能优化以外，还研究基于认识论的美学优化问题以及主观决策问题。

相比于乔治·斯蒂尼教授团队，以及"形状语法"方法论，本研究的优势在于基于自然科学探索"隐藏模式"的研究方法，从设计形态学的"本质规律"探索设计空间的规则系统。

相比于曹楠教授团队，本研究的优势在于清晰地定义了设计空间的框架，确定了设计空间的两大基本问题：探索与优化。而曹楠教授团队更多的是在探讨设计空间探索问题。

# 7.5　未来工作与展望

目前，数字形态设计空间研究中的一个难点在于美学优化问题研究，因为美学、视觉等主观性较强的问题，具有庞大的设计空间，且限制条件很少，本书在第 5 章"接受美学"数字雕塑展览项目中尝试使用美学的自然科学本质以及数学本质为计算式设计空间构建规则系统与优化目标。本书也在第 6 章尝试人机协同创新设计，对于这类主观性较强的问题直接留给设计师本人，通过主观意识与设计思维高效地解决。在未来，随着人工智能技术的飞速发展，此类问题或许可以被神经网络直接解决，即未来的人工智能技术可以使得机器"读懂"并"模拟"人类的内心与主观意识，像真正的人一样思考，以实现全面的自动化设计。

随着未来科技的进步，智能硬件的种类和性能将会比现在更为多样和先进。数字双生技术将会越来越成熟，物理世界与虚拟数字世界的联通、交互也将会越来越频繁。在未来或许可以通过实体交互的方式进行设计空间探索与优化，例如本书中人机工程学椅子的案例，生成座椅形态的空间仍然是虚拟的软件中的设计空间。未来的工作可以探索直接在实体空间中搭建一个具有力反馈功能的动态实时变形座椅，它可以根据基于人体特征的测量，自动调节实体椅面，使得座椅表面与人身体之间的压力值均匀，以使得坐在该座椅的人时时刻刻感觉到舒适。

# 附　录

## 本书中的参数化设计程序

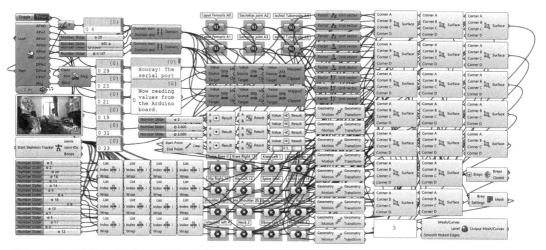

附图 1 第 4 章中基于"用户行为变量"探索与优化案例中构建生成式设计空间所应用的参数化程序，通过该程序实现设计空间与 Kinect 及 Arduino 形成对接，从物理世界中采集用户行为参数

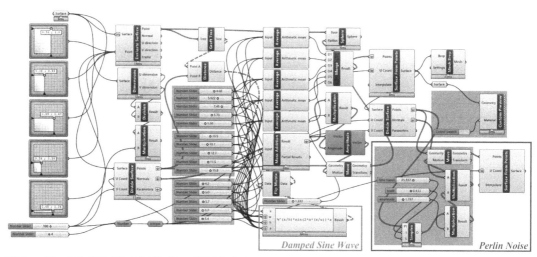

附图 2 第 5 章中基于"接受美学"展示设计案例中"图形设计子空间"中制定规则系统所应用的参数化程序，程序中使用"阻尼正弦波函数"与"柏林噪声"作为规则系统生成雕塑的数字形态纹理

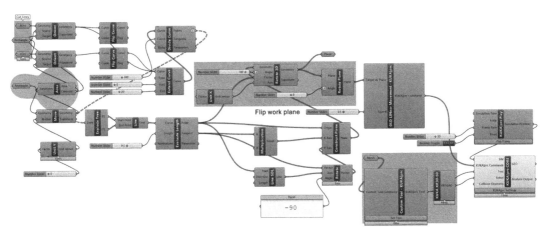

附图 3　第 5 章中基于"接受美学"展示设计案例中"图形设计子空间"中的优化规则系统，应用 KUKAlprc 插件计算评估工艺对该形态制造的可能性，从而进行基于机器美学的优化设计迭代

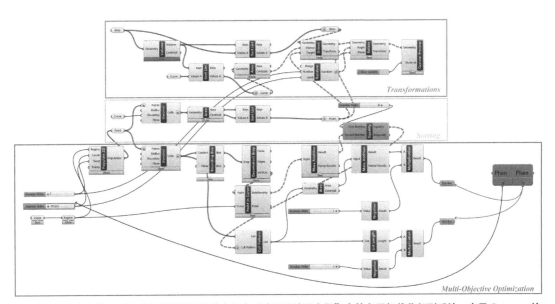

附图 4　第 5 章中基于"接受美学"展示设计案例中"地面设计子空间"中的多目标优化规则系统，应用 Octopus 的遗传算法功能，对展览布局设计方案进行迭代优化

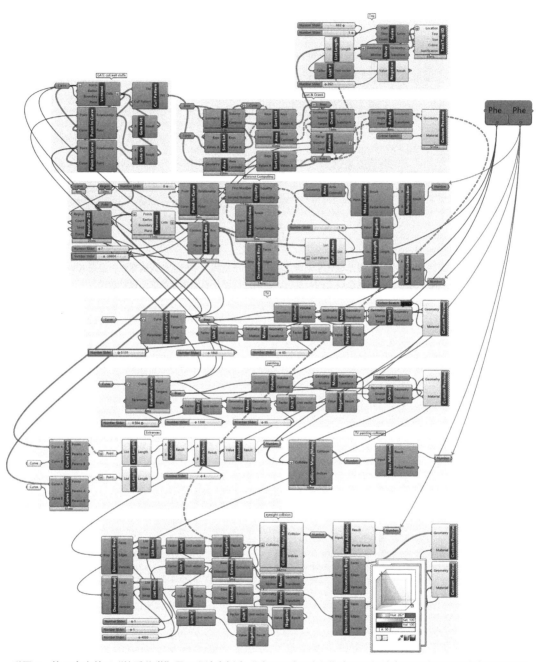

附图 5　第 5 章中基于"接受美学"展示设计案例中"地面设计子空间"在实际场馆布局设计所使用的参数化程序

# 参考文献

[1]    TAO F，QI Q. Make More Digital Twins [M]. Nature Publishing Group，2019.

[2]    胡心玥."数字双生"直播研讨会 [J]. 装饰，2021，（1）：6.

[3]    GELERNTER D. Mirror Worlds：Or the Day Software Puts the Universe in a Shoebox... How It Will Happen and What It Will Mean [M]. Oxford：Oxford University Press，1993.

[4]    GRIEVES M W. Product Lifecycle Management：The New Paradigm for Enterprises[J]. International Journal of Product Development，2005，2（1-2）：71-84.

[5]    GRIEVES M，VICKERS J. Digital Twin：Mitigating Unpredictable，Undesirable Emergent Behavior in Complex Systems [Z]. Transdisciplinary Perspectives on Complex Systems，2017：85-113.

[6]    NEGRI E，FUMAGALLI L，MACCHI M. A Review of the Roles of Digital Twin in CPS-Based Production Systems [J]. Procedia Manufacturing，2017，11：939-948.

[7]    ROSEN R，VON WICHERT G，LO G，et al. About the Importance of Autonomy and Digital Twins for the Future of Manufacturing [J]. IFAC-Papers on Line，2015，48（3）：567-572.

[8]    EL SADDIK A. Digital Twins：The Convergence of Multimedia Technologies [J]. IEEE Multimedia，2018，25（2）：87-92.

[9]    SCHLUSE M，PRIGGEMEYER M，ATORF L，et al. Experimentable Digital Twins—Streamlining Simulation-Based Systems Engineering for Industry 4.0 [J]. IEEE Transactions on Industrial Informatics，2018，14（4）：1722-1731.

[10]   VOYATZAKI M，GOURDOUKIS D. From Morphology to Morphogenesis：On Speculative Architectural Design Pedagogy [M]//Handbook of Research on Form and Morphogenesis in Modern Architectural Contexts. IGI Global，2018：20-40.

[11]   FREI O，RASCH B. Finding Form：Towards an Architecture of the Minimal [M]，1995.

[12] STINY G. Introduction to Shape and Shape Grammars [J]. Environment and Planning B: Planning and Design，1980，7（3）：343-351.

[13] 肖中舟. 论马克思的自然观 [J]. 武汉大学学报（哲学社会科学版），1997，（1）：30-36.

[14] 邱松."设计形态学"与"第三自然"[J]. 创意与设计，2019，（5）：31-36.

[15] 王受之. 世界现代设计史 [M]. 北京：中国青年出版社，2002.

[16] Creative Machine Learning for Design [EB/OL]. https://architecture.mit.edu/subject/spring-2020-4453.

[17] Lexico Dictionaries English [Z]. Oxford Dictionary.

[18] STINY G，GÜN O Y. An Open Conversation with George Stiny about Calculating and Design [J]. Computational Design，2012，29：6-11.

[19] 原研哉小米品牌形象设计项目 [EB/OL]. https://www.creativebloq.com/news/new-Xiaomi-logo.

[20] 唐林涛. 工业设计方法 [M]. 北京：中国建筑工业出版社，2006.

[21] DANA J D. A System of Mineralogy：Including an Extended Treatise on Crystallography：With an Appendix，Containing the Application of Mathematics to Crystallographic Investigation，and a Mineralogical Bibliography [M]. Durrie & Peck，and Herrick & Noyes，1837.

[22] GüELL X. Antoni Gaudí [M]. Verlag für Architektur Artemis，1987.

[23] LLUIS I GINOVART J，COLL-PLA S，COSTA-JOVER A，et al. Hooke's Chain Theory and the Construction of Catenary Arches in Spain [J]. International Journal of Architectural Heritage，2017，11（5）：703-716.

[24] BLOCK P，DEJONG M，OCHSENDORF J. As Hangs the Flexible Line：Equilibrium of Masonry Arches [J]. Nexus Network Journal，2006，8（2）：13-24.

[25] 刘元捷. 从"人为之物"到"编程之美"：参数化公共艺术创作研究 [J]. 公共艺术，2020（3）：30-41.

[26] SCHUMACHER P. Parametricism：A New Global Style for Architecture and Urban Design [J]. Architectural Design，2009，79（4）：14-23.

[27] SCHUMACHER P. Parametricism 2.0：Rethinking Architecture's Agenda for the 21st Century [M]. John Wiley & Sons，2016.

[28] JENCKS C. What Is Post-Modernism [M]? London：Academy Editions London，1996.

[29] SCHUMACHER P. On Parametricism a Dialogue between Neil Leach and Patrik Schumacher [J]. Time Architecture，2012，（5）.

[30] SUTHERLAND I E. Sketchpad a Man-Machine Graphical Communication System [J].

Simulation，1964，2（5）：R-3-R-20.

[31]  VON NEUMANN J. The General and Logical Theory of Automata [M]//Systems Research for Behavioral Science. Routledge，2017：97-107.

[32]  CROSS N. The Automated Architect [M]. Viking Penguin，1977.

[33]  MORTENSON M E. Mathematics for Computer Graphics Applications [M]. Industrial Press Inc.，1999.

[34]  STINY G，GIPS J. Shape Grammars and the Generative Specification of Painting and Sculpture [C]. Proceedings of the IFIP Congress（2），1971.

[35]  GROOVER M，ZIMMERS E. CAD/CAM：Computer-Aided Design and Manufacturing [M]. Pearson Education，1983.

[36]  WHITLEY D. A Genetic Algorithm Tutorial [J]. Statistics and Computing，1994，4（2）：65-85.

[37]  HOUCK C R，JOINES J，KAY M G. A Genetic Algorithm for Function Optimization：A Matlab Implementation [J]. Ncsu-ietr，1995，95（9）：1-10.

[38]  WEISBERG D E. The Engineering Design Revolution：The People，Companies and Computer Systems that Changed Forever the Practice of Engineering [J]. Cyon Research Corporation，2008：1-26.

[39]  TERESKO J. Parametric Technology Corp.：Changing the Way Products Are Designed [J]. Industry Week，1993，20.

[40]  DAY M. Gehry，Dassault and IBM Too [J]. AEC Magazine，2003.

[41]  LEACH N. Digital Morphogenesis [J]. Architectural Design，2009，79（1）：32-37.

[42]  D'ARCY W T. On Growth and Form [M]. Cambridge：Cambridge University Press，2010.

[43]  ARTHUR W. D'Arcy Thompson and the Theory of Transformations [J]. Nature Reviews Genetics，2006，7（40）：1-6.

[44]  TURING A M. The Chemical Basis of Morphogenesis [J]. Bulletin of Mathematical Biology，1990，52（1）：153-197.

[45]  施雯 . 当代环境艺术设计发展趋势 [J]. 艺术科技，2013，26（2）：162.

[46]  格罗培斯的难题：最人性的就是最好的 [J]. 中外管理，2006，（9）：54-55.

[47]  马岩松 . 鱼缸 [EB/OL]，2011. http://www.i-mad.com/post-art/fish-tank/.

[48]  刘杨，林建群，王月涛 . 德勒兹哲学思想对当代建筑的影响 [J]. 建筑师，2011，（2）：18-24.

[49]  卞京 . 产品造型设计的参数化探讨 [D]，杭州：中国美术学院，2012.

[50]  帕特里克·舒马赫，尼尔·里奇，郭蕾 . 关于参数化主义：尼尔·里奇与帕特里克·舒马赫的对谈 [J]. 时代建筑，2012，（5）：32-39.

[51]  MEINTJES K. "Generative Design": What's That [EB/OL], 2017. https://www.cimdata. com/en/news/item/8402-generative-design-what-s-that.

[52]  KHAN S, AWAN M J. A Generative Design Technique for Exploring Shape Variations [J]. Advanced Engineering Informatics, 2018, 38 (7): 12-24.

[53]  LEACH N. Parametrics Explained [J]. Next Generation Building, 2014, 1 (1).

[54]  徐卫国. 参数化设计与算法生形 [J]. 世界建筑, 2011, (6): 110-111.

[55]  FRAZER J. Parametric Computation: History and Future [J]. Architectural Design, 2016, 86 (2): 18-23.

[56]  ELTAWEEL A, YUEHONG S. Parametric Design and Daylighting: A Literature Review [J]. Renewable and Sustainable Energy Reviews, 2017, 73 (10): 86-103.

[57]  JABI W. Parametric Design for Architecture: Laurence King Publ [J], 2013.

[58]  RETSIN G. Discrete Assembly and Digital Materials in Architecture[C]. Proceedings of the Complexity & Simplicity-Proceedings of the 34th eCAADe Conference, 2016.

[59]  BHATT M, FREKSA C. Spatial Computing for Design—An Artificial Intelligence Perspective [M]//Studying Visual and Spatial Reasoning for Design Creativity. Springer, 2015: 109-127.

[60]  HUANG W, ZHENG H. Architectural Drawings Recognition and Generation through Machine Learning [J], 2018.

[61]  GERO J S. Artificial Intelligence in Design'91 [M]. Butterworth-Heinemann, 2014.

[62]  SIMON H A. The Sciences of the Artificial [M]. MIT Press, 2019.

[63]  陈豪. 浅论毕达哥拉斯的"万物皆数"思想与现代数字化设计理念 [J]. 北京理工大学学报（社会科学版）, 2008, (4): 114-116, 20.

[64]  CROCKER R L. Pythagorean Mathematics and Music [J]. The Journal of Aesthetics and Art Criticism, 1963, 22 (2): 189-198.

[65]  张夫也. 外国工艺美术史 [M]. 北京: 中央编译出版社, 1999.

[66]  SOLMSEN F. Love and Strife in Empedocles' Cossnology [J]. Phronesis, 1965, 10 (2): 109-148.

[67]  BALAGUER M. Platonism in Metaphysics [J]. Stanford Encyclopedia of Philosophy, 2007.

[68]  TAYLOR P. The Notebooks of Leonardo Da Vinci: A New Selection [M]. Plume Books, 1971.

[69]  SINGH P. Acharya Hemachandra and the (So Called) Fibonacci Numbers [J]. Math Ed Siwan, 1986, 20 (1): 28-30.

[70]    KNOTT R. Fibonacci's Rabbits [J]. University of Surrey School of Electronics and Physical Sciences，2008.

[71]    HALES T C. The Kepler Conjecture [J]. arXiv Preprint MathMG/9811078，1998.

[72]    LIVIO M. The Golden Ratio：The Story of Phi, the World's Most Astonishing Number [M]. Crown，2008.

[73]    ZEISING A. Neue Lehre von Den Proportionen des Menschlichen Körpers：Aus Einem Bisher Unerkannt Gebliebenen，die Ganze Natur und Kunst Durchdringenden Morphologischen Grundgesetze Entwickelt und Mit Einer Volständigen Historischen Uebersicht der Bisherigen Systeme Begleitet [M]. R. Weigel，1854.

[74]    STEWART I. What Shape Is a Snowflake [M]? Weidenfeld & Nicolson，2001.

[75]    TAYLOR J E. The Structure of Singularities in Soap-Bubble-Like and Soap-Film-Like Minimal Surfaces [J]. Annals of Mathematics，1976：489-539.

[76]    ALMGREN F J，TAYLOR J. E. The Geometry of Soap Films and Soap Bubbles [J]. Scientific American，1976，235（1）：82-93.

[77]    THOMSON W. LXIII. On the Division of Space with Minimum Partitional Area [J]. The London，Edinburgh，and Dublin Philosophical Magazine and Journal of Science，1887，24（151）：503-514.

[78]    FOUNTAIN H. A Problem of Bubbles Frames an Olympic Design [J]. New York Times，2008（5）.

[79]    MANDELBROT B. How Long Is the Coast of Britain? Statistical Self-Similarity and Fractional Dimension [J]. Science，1967，156（3775）：636-638.

[80]    ADELSON E H. Checkers Shadow Illusion [EB/OL]，2005. http://persci.mit.edu/gallery/checkershadow.

[81]    ADELSON E H. Lightness Perception and Lightness Illusions [J]. New Cognitive Neurosciences，2000.

[82]    棋盘阴影错觉 [EB/OL]. http://persci.mit.edu/gallery/checkershadow.

[83]    欧阳中石. 京剧艺术漫谭 [M]. 北京：文化艺术出版社，2011.

[84]    GüN O Y. A Place for Computing Visual Meaning：The Broadened Drawing-Scape（Thesis，PhD in Design and Computation，MIT，Department pf Architecture）[EB/OL]，2016. http://hdl.handle.net/1721.1/106364.

[85]    MONTGOMERY C，ORCHISTON W，WHITTINGHAM I. Michell, Laplace and the Origin of the Black Hole Concept [J]. Journal of Astronomical History and Heritage，2009，12（90）：6.

[86]　范岱年，赵中立，许良英. 爱因斯坦文集：第二卷 [M]. 北京：商务印书馆，1977.

[87]　PACKER R，JORDAN K. Multimedia: From Wagner to Virtual Reality [M]. WW Norton & Company，2002.

[88]　WIENER N. Cybernetics or Control and Communication in the Animal and the Machine [M]. MIT Press，2019.

[89]　KANG E，JACKSON E，SCHULTE W. An Approach for Effective Design Space Exploration[M]. Berlin: Heidelberg，2011.

[90]　MACLEAN A，YOUNG R M，BELLOTTI V M E，et al. Questions，Options，and Criteria: Elements of Design Space Analysis [J]. Hum-Comput Interact，1991，6（3）: 201-250.

[91]　黄汉江. 建筑经济大辞典 [M]. 上海：上海社会科学院出版社，1990.

[92]　王轩. 基于 Kinect 技术的人物跟踪算法 [D]. 长沙：湖南大学，2016.

[93]　葛海松，邹新伟，易颖祥. 基于 Leap Motion 技术的展览展示交互设计研究 [J]. 计算机仿真，2018，35（2）: 459-462.

[94]　MUELLER C. 设计空间探索（Design Space Exploration）插件 [EB/OL]. 2019. https://www.food4rhino.com/en/app/design-space-exploration.

[95]　KIM J S，SONG J Y，LEE J K. Approach to the Extraction of Design Features of Interior Design Elements Using Image Recognition Technique [Z]，2018.

[96]　BARD J，BIDGOLI A，CHI W W. Image Classification for Robotic Plastering with Convolutional Neural Network[C]//Proceedings of the Robotic Fabrication in Architecture，Art and Design. Springer，2018.

[97]　NEWTON D. Multi-Objective Qualitative Optimization（MOQO）in Architectural Design [Z]，2018.

[98]　ROSSI G，NICHOLAS P. Re/Learning the Wheel: Methods to Utilize Neural Networks as Design Tools for Doubly Curved Metal Surfaces[C]//Proceedings of the ACADIA 2018: Recalibration on Imprecision and Infidelity，2019.

[99]　DANHAIVE R，MUELLER C. Structural Metamodelling of Shells[C]//Proceedings of the Proceedings of IASS Annual Symposia. International Association for Shell and Spatial Structures（IASS），2018.

[100]　SJOBERG C，BEORKREM C，ELLINGER J. Emergent Syntax: Machine Learning for the Curation of Design Solution Space [Z]，2017.

[101]　BRUGNARO G，HANNA S. Adaptive Robotic Carving: Training Methods for the Integration of Material Performances in Timber Manufacturing [J]. Robotic Fabrication in

Architecture，Art and Design 2018，Proceedings of the ROB| ARCH，2018：337-348.

[102] LUO D，WANG J，XU W. Robotic Automatic Generation of Performance Model for Non-Uniform Linear Material via Deep Learning [Z]，2018.

[103] YETIŞ G，YETKIN O，MOON K，et al. A Novel Approach for Classification of Structural Elements in a 3D Model by Supervised Learning[C]//Proceedings of the 36th eCAADe Conference，2018.

[104] YIN H，GUO Z，ZHAO Y，et al. Behavior Visualization System Based on UWB Positioning Technology [Z]，2018.

[105] GERSHENFELD N，GERSHENFELD A，CUTCHER-GERSHENFELD J. Designing Reality：How to Survive and Thrive in the Third Digital Revolution [M]. Basic Books，2017.

[106] DAAS M，WIT A J. Towards a Robotic Architecture [M]. Applied Research and Design Publishing，2018.

[107] MORAN M E. The da Vinci Robot [J]. Journal of Endourology，2006，20（12）：986-990.

[108] LANG F，VON HARBOU T，HUPPERTZ G，et al. Metropolis（1927）[M]. UFA Films，1983.

[109] 李琳 . 3D 打印技术在现代首饰设计中的应用 [J]. 设计，2014（2）：37-38.

[110] ROBERTSON A. 4D DESIGN：Interaction among Disciplines at a New Design Frontier [J]. Design Management Journal（Former Series），1994，5（3）：26-30.

[111] Perez Reiter [EB/OL]. https://www.perezreiter.com/.

[112] Near-Earth Comets Dataset from NASA [EB/OL]，2018. https://data.nasa.gov/Space-Science/Near-Earth-Comets-Orbital-Elements/b67r-rgxc.

[113] PERLIN K. An Image Synthesizer [J]. ACM Siggraph Computer Graphics，1985，19（3）：287-296.

[114] GUSTAVSON S. Simplex Noise Demystified [D]. Linköping：Linköping University Research Report，2005.

[115] 侯晓宇 . 基于柏林噪声算法高速列车场景仿真技术研究 [D]. 沈阳：东北大学，2010.

[116] LEACH N，FARAHI B. 3D-Printed Body Architecture [M]. John Wiley & Sons，2018.

[117] CROW – ARTIFICIAL NEURAL NETWORKS（by Pennjamin）[EB/OL]. https://www.food4rhino.com/en/app/crow-artificial-neural-networks.

[118] ZENG S，QIU S. Parametric Design for Industrial Products：Taking Ergonomic Seat Design as an Example[C]//Proceedings of the 26th International Conference of the

Association for Computer-Aided Architectural Design Research in Asia: Projections, CAADRIA 2021, March 29, 2021-April 1, 2021, Hong Kong. The Association for Computer-Aided Architectural Design Research in Asia, 2021.

[119] 江滨，王飞扬. 路易斯·亨利·沙利文："形式追随功能"的有机建筑师 [J]. 中国勘察设计，2020，（4）：84-91.

[120] 胡宏述. 形随行 [J]. 装饰，2004，（10）：4-5.

[121] 柳冠中. 从"造物"到"谋事"——工业设计思维方式的转变 [J]. 苏州工艺美术职业技术学院学报，2015，（3）：1-6.

[122] 强小宁，杨君顺. 浅析包豪斯的设计理念对现代产品设计的影响 [J]. 陕西科技大学学报，2007，（6）：149-152.

[123] "坐"字的文脉 [EB/OL]. http://qiyuan.chaziwang.com/etymology-14818.html.

[124] GADGE K, INNES E. An Investigation into the Immediate Effects on Comfort, Productivity and Posture of the Bambach™ Saddle Seat and a Standard Office Chair [J]. Work, 2007, 29（3）: 189-203.

[125] GOKHALE E, ADAMS S. 8 Steps to a Pain-Free Back: Natural Posture Solutions for Pain in the Back, Neck, Shoulder, Hip, Knee, and Foot [EB/OL],2008. Posturenomics. com.

[126] Esther Gokhale at TEDxStanford [EB/OL]. 2012. https://ideas.ted.com/youre-sitting-wrong-and-your-back-knows-it-heres-how-to-sit-instead/.

[127] CONNORS M, YANG T, HOSNY A, et al. Bioinspired Design of Flexible Armor Based on Chiton Scales [J]. Nature Communications, 2019, 10（1）: 1-13.

[128] CHU C-H, WANG I-J, WANG J-B, et al. 3D Parametric Human Face Modeling for Personalized Product Design: Eyeglasses Frame Design Case [J]. Advanced Engineering Informatics, 2017, 32（20）: 2-23.

[129] STANČIĆ I, MUSIĆ J, ZANCHI V. Improved Structured Light 3D Scanner with Application to Anthropometric Parameter Estimation [J]. Measurement, 2013, 46（1）: 716-726.

[130] BAEK S-Y, LEE K. Parametric Human Body Shape Modeling Framework for Human-Centered Product Design [J]. Computer-Aided Design, 2012, 44（1）: 56-67.

[131] PALIYAWAN P, NUKOOLKIT C, MONGKOLNAM P. Prolonged Sitting Detection for Office Workers Syndrome Prevention Using Kinect [C]//Proceedings of the 2014 11th International Conference on Electrical Engineering/Electronics, Computer, Telecommunications and Information Technology（ECTI-CON）. IEEE, 2014.

[132] EQUID Design Process Guidelines，Version 20 [EB/OL]. https://iea.cc/publication/.

[133] NAEL M. 18 IEA EQUID Template for Cooperation between Product Designers and Ergonomists [J]. Human Factors and Ergonomics in Consumer Product Design：Methods and Techniques，2011：261.

[134] WU Y-C，WU T-Y，TAELE P，et al. Activeergo: Automatic and Personalized Ergonomics Using Self-Actuating Furniture[C]//Proceedings of the 2018 CHI Conference on Human Factors in Computing Systems，2018.

[135] BRAUN A，FRANK S，WICHERT R. The Capacitive Chair[C]//Proceedings of the International Conference on Distributed，Ambient，and Pervasive Interactions Berlin：Springer，2015.

[136] HALLER M，RICHTER C，BRANDL P，et al. Finding the Right way for Interrupting People Improving Their Sitting Posture[C]//Proceedings of the IFIP Conference on Human-Computer Interaction. Berlin：Springer，2011.

[137] 张周捷 . 数字生活 [J]. 室内设计与装修，2020，（ 3 ）：114-119.

[138] ROSSI M，CHARON S，WING G，et al. Design for the Next Generation：Incorporating Cradle-to-Cradle Design into Herman Miller Products [J]. Journal of Industrial Ecology，2006，10（ 4 ）：193-210.

[139] LI X，XIAO Z，YANG K. The Design of Seat for Sitting Posture Correction Based on Ergonomics[C]//Proceedings of the 2020 International Conference on Computer Engineering and Application（ ICCEA ）. IEEE，2020.

[140] HARMS H，AMFT O，TRöSTER G，et al. Wearable Therapist：Sensing Garments for Supporting Children Improve Posture[C]//Proceedings of the 11th International Conference on Ubiquitous Computing，2009.

[141] JEONG S，SONG T，KIM H，et al. Human Neck's Posture Measurement Using a 3-Axis Accelerometer Sensor[C]//Proceedings of the International Conference on Computational Science and Its Applications. Berlin：Springer，2011.

[142] DEMMANS C，SUBRAMANIAN S，TITUS J. Posture Monitoring and Improvement for Laptop Use[C]//Proceedings of the CHI'07 Extended Abstracts on Human Factors in Computing Systems，2007.

[143] SALVADO L M，ARSENIO A. Sleeve Sensing Technologies and Haptic Feedback Patterns for Posture Sensing and Correction[C]//Proceedings of the Companion Publication of the 21st International Conference on Intelligent User Interfaces，2016.

[144] HARDING J E，SHEPHERD P. Meta-Parametric Design [J]. Design Studies，2017,

52：73-95.

[145] HUETTEROTH W，EL JUNDI B，EL JUNDI S，et al. 3D-Reconstructions and Virtual 4D-Visualization to Study Metamorphic Brain Development in the Sphinx Moth Manduca Sexta [J]. Frontiers in Systems Neuroscience，2010，4（7）.

[146] GEHRER D，VIOLA I. Visualization of Molecular Machinery Using Agent-Based Animation[C]//Proceedings of the 33rd Spring Conference on Computer Graphics，2017.

[147] RAWAT H，RAI G. Designing a Graphical Animation Using Cinema 4D for Intelligent Car Parking System[C]//Proceedings of the 2018 8th International Conference on Cloud Computing，Data Science & Engineering（Confluence）. IEEE，2018.

[148] YANG C，GU Z，YAO Z. Adaptive Urban Design Research Based on Multi-Agent System-Taking the Urban Renewal Design of Shanghai Hongkou Port Area as an Example [Z]，2019.

[149] BOBROVA T，PANCHENKO P. Technical Normalization of Working Processes in Construction Based on Spatial-Temporal Modeling [J]. Magazine of Civil Engineering，2017，76（8）.

[150] IVSON P，NASCIMENTO D，CELES W，et al. CasCADe：A Novel 4D Visualization System for Virtual Construction Planning [J]. IEEE Transactions on Visualization and Computer Graphics，2017，24（1）：687-697.

[151] WOLFRAM S. Statistical Mechanics of Cellular Automata [J]. Reviews of Modern Physics，1983，55（3）：601.

[152] X-particle 元胞自动机参数说明 [EB/OL]. docs.x-particles.net/html/cellauto.php.

[153] X-particle OpenVDB Mesher 参数说明 [EB/OL]. http://docs.x-particles.net/html/ovdbmesher.php.

[154] ALCAIDE-MARZAL J，DIEGO-MAS J A，ACOSTA-ZAZUETA G. A 3D Shape Generative Method for Aesthetic Product Design [J]. Design Studies，2020，66（1）：44-76.

[155] BIANCONI F，FILIPPUCCI M，BUFFI A，et al. Morphological and Visual Optimization in Stadium Design：A Digital Reinterpretation of Luigi Moretti's Stadiums [J]. Architectural Science Review，2020，63（2）：194-209.

[156] STINY G. Shape：Talking about Seeing and Doing [M]. Cambridge：MIT Press，2006.

[157] GÜN O Y. Computing with Watercolor Shapes [C]//Proceedings of the International Conference on Computer-Aided Architectural Design Futures. Springer，2017.

[158] WATANABE M, MICHIDA N, KISHI A, et al. Global Structures of Automotive Interiors Revealed by Algorithms of the Visual Brain [J]. Design Studies, 2019, 62 : 100-128.

[159] LEDER H, BELKE B, OEBERST A, et al. A Model of Aesthetic Appreciation and Aesthetic Judgments [J]. British Journal of Psychology, 2004, 95 ( 4 ): 489-508.

[160] JINDO T, HIRASAGO K. Application Studies to Car Interior of Kansei Engineering [J]. International Journal of Industrial Ergonomics, 1997, 19 ( 2 ): 105-114.

[161] NAGAMACHI M. Kansei Engineering: A New Ergonomic Consumer-Oriented Technology for Product Development [J]. International Journal of Industrial Ergonomics, 1995, 15 ( 1 ): 3-11.

[162] RANSCOMBE C, HICKS B, MULLINEUX G, et al. Visually Decomposing Vehicle Images: Exploring the Influence of Different Aesthetic Features on Consumer Perception of Brand [J]. Design Studies, 2012, 33 ( 4 ): 319-341.

[163] RANSCOMBE C, HICKS B, MULLINEUX G. A Method for Exploring Similarities and Visual References to Brand in the Appearance of Mature Mass-Market Products [J]. Design Studies, 2012, 33 ( 5 ): 496-520.

[164] KOVáCS I, JULESZ B. Perceptual Sensitivity Maps within Globally Defined Visual Shapes [J]. Nature, 1994, 370 ( 6491 ): 644-646.

[165] ENQUIST M,ARAK A. Symmetry,Beauty and Evolution [J]. Nature,1994,372 ( 6502 ): 169-172.

[166] VAN TONDER G J, LYONS M J, EJIMA Y. Visual Structure of a Japanese Zen Garden [J]. Nature, 2002, 419 ( 6905 ): 359-360.

[167] LI R. "False but True, Empty but Full, Few but Many"—The Dialectic Concepts in Traditional Chinese Performance Art and Painting [J]. Theatre Research International, 1999, 24 ( 2 ): 179-187.

[168] LI P, GUO Y, LI Y, et al. Enlightenments of "White Space" in Traditional Chinese Painting on Landscape Architecture Design [J]. Journal of Landscape Research, 2013, 5 ( 1/2 ): 79.

[169] CHENG F. Empty and Full: The Language of Chinese Painting [M]. Boston : Shambhala, 1994.

[170] HARA K. Designing Design [M]. Lars Muller Publishers, 2007.

[171] VAN TONDER G J. Visual Geometry of Classical Japanese Gardens [J]. Axiomathes, 2018 : 1-28.

[172] KUCK L E. The World of the Japanese Garden: From Chinese Origins to Modern

Landscape Art [M]. Walker-Weatherhill，1968.

[173] LI D. The Concept of "Oku" in Japanese and Chinese Traditional Paintings，Gardens and Architecture：A Comparative Study [D]. MA Thesis Report，Graduate School of Human-Environment Studies，Kyushu ...2009.

[174] 杨琪. 一本书读懂中国美术史 [M]. 北京：中华书局，2012.

[175] ISER W. The Rudiments of a Theory of Aesthetic Response [J]. The Act of Reading：A Theory of Aesthetic Response，1978：20-38.

[176] JAUSS H R，BENZINGER E. Literary History as a Challenge to Literary Theory [J]. New Literary History，1970，2（1）：7-37.

[177] JAUSS H R，DE MAN P. Toward an Aesthetic of Reception [Z]，1982.

[178] PELOWSKI M，MARKEY P S，FORSTER M，et al. Move Me，Astonish Me... Delight My Eyes and Brain：The Vienna Integrated Model of Top-Down and Bottom-Up Processes in Art Perception（VIMAP）and Corresponding Affective，Evaluative，and Neurophysiological Correlates [J]. Physics of Life Reviews，2017，21：80-125.

[179] KOFFKA K. Principles of Gestalt Psychology Harcourt [Z]. New York，1935.

[180] WERTHEIMER M. Laws of Organization in Perceptual Forms [Z]，1938.

[181] KOENDERINK J J,VAN DOORN A J,KAPPERS A M. Surface Perception in Pictures [J]. Perception & Psychophysics，1992，52（5）：487-496.

[182] WAGEMANS J，ELDER J H，KUBOVY M，et al. A Century of Gestalt Psychology in Visual Perception：I. Perceptual Grouping and Figure-Ground Organization [J]. Psychological Bulletin，2012，138（6）：1172.

[183] VAN TONDER G J,LYONS M J. Visual Perception in Japanese Rock Garden Design [J]. Axiomathes，2005，15（3）：353-371.

[184] SHANNON C E. A Mathematical Theory of Communication [J]. The Bell System Technical Journal，1948，27（3）：379-423.

[185] KNIGHT T，STINY G. Making Grammars：From Computing with Shapes to Computing with Things [J]. Design Studies，2015，41：8-28.

[186] 刘利平. 以水之名 [J]. 颂雅风·艺术月刊，2015.

[187] FABBRI R，ESTROZI L F，COSTA L D F. On Voronoi Diagrams and Medial Axes [J]. Journal of Mathematical Imaging and Vision，2002，17（1）：27-40.

[188] VIERLINGER R. Multi-Objective Design Interface [D]. Vienna：Master Thesis of University of Applied Arts Vienna，2013.

[189] LAM J H，YAM Y. Stroke Trajectory Generation Experiment for a Robotic Chinese

Calligrapher Using a Geometric Brush Footprint Model[C]//Proceedings of the 2009 IEEE/RSJ International Conference on Intelligent Robots and Systems. IEEE，2009.

[190] YAO F，SHAO G. Painting Brush Control Techniques in Chinese Painting Robot[C]// Proceedings of the ROMAN 2005 IEEE International Workshop on Robot and Human Interactive Communication. IEEE，2005.

[191] MA Z，SU J. Stroke Reasoning for Robotic Chinese Calligraphy Based on Complete Feature Sets [J]. International Journal of Social Robotics，2017，9（4）：525-535.

[192] 大英博物馆 3D 中国画卷轴沉浸式动画 [EB/OL]，2018. http://www.fgreatstudio.com/ portfolio/the-british-museum-hotung-gallery-animation.

[193] HE B，GAO F，MA D，et al. ChipGAN：A Generative Adversarial Network for Chinese Ink Wash Painting Style Transfer[C]//Proceedings of the 26th ACM International Conference on Multimedia，2018.

[194] LO C-H，KO Y-C，HSIAO S-W. A Study that Applies Aesthetic Theory and Genetic Algorithms to Product form Optimization [J]. Advanced Engineering Informatics，2015，29（3）：662-679.

[195] YOUSIF S，YAN D W，CULP D C. Incorporating Form Diversity into Architectural Design Optimization [Z]，2017.

[196] RADFORD A，METZ L，CHINTALA S. Unsupervised Representation Learning with Deep Convolutional Generative Adversarial Networks [Z]，2015.

[197] GOODFELLOW I J，POUGET-ABADIE J，MIRZA M，et al. Generative Adversarial Networks [Z]，2014.

[198] KARPATHY A，ABBEEL P，BROCKMAN G，et al. Generative Models [J]. Open AI，2016.

[199] LECUN Y. RI Seminar：The Next Frontier in AI：Unsupervised Learning [J]. Technical Report，2016.

[200] SCHAWINSKI K，ZHANG C，ZHANG H，et al. Generative Adversarial Networks Recover Features in Astrophysical Images of Galaxies Beyond the Deconvolution Limit [J]. Monthly Notices of the Royal Astronomical Society：Letters，2017，467（1）：L110-L114.

[201] MUSTAFA M，BARD D，BHIMJI W，et al. CosmoGAN：Creating High-Fidelity Weak Lensing Convergence Maps Using Generative Adversarial Networks [J]. Computational Astrophysics and Cosmology，2019，6（1）：1.

[202] DCGAN 源程序代码 [EB/OL]. https://github.com/carpedm20/DCGAN-tensorflow.

[203] 汽车图片数据集 [EB/OL]. https://ai.stanford.edu/~jkrause/cars/car_dataset.html.

[204] ISOLA P，ZHU J-Y，ZHOU T，et al. Image-to-Image Translation with Conditional Adversarial Networks[C]//Proceedings of the IEEE Conference on Computer Vision and Pattern Recognition，2017.

[205] WEsearch Lab [EB/OL]. https://www.wesearchlab.com/.

[206] RUSSEL S，NORVIG P. Artificial Intelligence：A Modern Approach [M]. Pearson Education Limited London，2013.

# 致　谢

　　衷心感谢笔者的博士导师清华大学美术学院邱松教授对本人的精心指导，导师的言传身教将使我受益终生。同时，感谢清华美院 B439 邱松教授工作室同学们的热情帮助和支持。

　　本书得以出版，受 2021 年北京市社科基金重点项目"北京历史文化在当代艺术创作中的价值传承与创新发展研究（项目编号：21YTA002）"的资助。衷心感谢北京工业大学艺术设计学院邹锋教授、刘键副教授、鲁艺副教授等项目负责老师们的大力支持。

　　笔者在美国麻省理工学院建筑系进行了十三个月的国家公派留学联合培养，承蒙合作导师马克·格尔索普（Mark Goulthorpe）教授的热心指导与帮助，不胜感激。

**图书在版编目（CIP）数据**

数字形态设计研究："设计空间"探索与优化 =
Research on Digital Morphogenesis and Morphology
based on "Design Space" Exploration and
Optimization / 曾绍庭著 . —北京：中国建筑工业出
版社，2022.10（2023.12 重印）
　ISBN 978-7-112-28101-5

Ⅰ.①数… Ⅱ.①曾… Ⅲ.①数字技术—应用—设计
—研究 Ⅳ.① TB21-39

中国版本图书馆 CIP 数据核字（2022）第 204615 号

数字资源阅读方法：
　本书提供全书所有图片的电子版（部分为彩色），读者可使用手机 / 平板电脑扫描右侧二维
码后免费阅读。
　操作说明：扫描授权进入"书刊详情"页面，在"应用资源"下点击任一图号（如图 2-1），
进入"课件详情"页面，内有图片的图号。点击相应图号后，点击右上角红色"立即阅读"即
可阅读彩色版。
　若有问题，请联系客服电话：4008-188-688。

责任编辑：李成成
责任校对：王　烨

**数字形态设计研究 ——"设计空间"探索与优化**

Research on Digital Morphogenesis and Morphology based on
"Design Space" Exploration and Optimization
曾绍庭　著
＊
中国建筑工业出版社出版、发行（北京海淀三里河路 9 号）
各地新华书店、建筑书店经销
北京雅盈中佳图文设计公司制版
北京中科印刷有限公司印刷
＊
开本：787 毫米 ×1092 毫米　1/16　印张：13¾　字数：288 千字
2022 年 10 月第一版　2023 年 12 月第二次印刷
定价：**65.00** 元（赠数字资源）
ISBN 978-7-112-28101-5
　　（39943）